三次采油技术丛书

U0322819

复合驱表面活性剂

程杰成　伍晓林　侯兆伟　等著

石油工业出版社

内 容 提 要

本书是一部着重介绍大庆油田复合驱表面活性剂驱油机理及研制应用的著作。从表面活性剂相关的物理化学现象出发，讲述了复合驱常见的界面现象和表面活性剂特性等内容；基于大庆油田多年来的技术研究，对表面活性剂驱油机理及对驱油效率影响做了较为深入的讨论；并介绍、评价了烷基苯磺酸盐、石油磺酸盐等复合驱用表面活性剂理化性能及生产合成工艺；选取大庆油田复合驱开发典型区块，选用不同类型表面活性剂在矿场实践应用效果。

本书可供从事油田开发研究人员、提高采收率技术人员及高等院校相关专业师生阅读和参考。

图书在版编目（CIP）数据

复合驱表面活性剂 / 程杰成等著 . —— 北京：石油
工业出版社，2022.5
　（三次采油技术丛书）
　ISBN 978-7-5183-4952-4

Ⅰ . ①复…　Ⅱ . ①程…　Ⅲ . ①复合驱 – 表面活性剂
Ⅳ . ① TE357.46

中国版本图书馆 CIP 数据核字（2021）第 228568 号

出版发行：石油工业出版社
　　　　　（北京安定门外安华里 2 区 1 号楼　100011）
　　　　　网　　址：www.petropub.com
　　　　　编辑部：（010）64523546　图书营销中心：（010）64523633
经　　销：全国新华书店
印　　刷：北京中石油彩色印刷有限责任公司

2022 年 5 月第 1 版　2022 年 5 月第 1 次印刷
787×1092 毫米　开本：1/16　印张：10.25
字数：248 千字

定价：100.00 元

（如出现印装质量问题，我社图书营销中心负责调换）
版权所有，翻印必究

《三次采油技术丛书》
编 委 会

主 任：程杰成

副主任：吴军政　伍晓林　叶　鹏

委 员：丁玉敬　王　广　王庆国　王加滢　王海峰
　　　　王云超　李学军　李　蔚　陈　国　杨　勇
　　　　张　凯　罗　庆　赵忠山　钟连彬　赵力成
　　　　赵昌明　赵　卿　胡俊卿　侯兆伟　郭松林
　　　　龚晓宏　康红庆　韩培慧　彭树锴　徐典平

丛书前言

我国油田大部分是陆相砂岩油田，砂岩油田油层层数多、相变频繁、平面和纵向非均质性严重。经过多年开发，大部分油田已进入高含水、高采出程度的开发后期，水驱产量递减加快，剩余油分布零散，挖潜难度大，采收率一般为30%~40%。应用大幅度提高采收率技术是油田开发的一个必经阶段，也是老油田抑制产量递减、保持稳产的有效方法。

三次采油是在水驱技术基础上发展起来的大幅度提高采收率的方法。三次采油是通过向油层注入聚合物、表面活性剂、微生物等其他流体，采用物理、化学、热量、生物等方法改变油藏岩石及流体性质，提高水驱后油藏采收率的技术。20世纪50年代以来，蒸汽吞吐开始应用于重油开采，拉开了三次采油技术的应用序幕。化学驱在80年代发展达到高峰期，后期由于注入成本高、化学驱后对地下情况认识不确定等因素，化学驱发展变缓。90年代以来，混相注气驱技术开始快速发展，由于二氧化碳驱技术具有应用范围大、成本低等优势，二氧化碳混相驱逐渐发展起来。我国的三次采油技术虽然起步晚，但发展迅速。目前，我国的三次采油技术中化学驱提高原油采收率技术处于世界领先地位。在大庆、胜利等油田进行的先导性试验和矿场试验表明，三元复合驱对提高原油采收率效果十分显著。此外，我国对其他提高原油采收率的新技术，如微生物驱油采油技术、纳米膜驱油采油技术等也进行了广泛的实验研究及矿场试验，并且取得了一系列研究成果。

大庆油田自20世纪60年代投入开发以来，就一直十分重视三次采油的基础科学研究和现场试验，分别在萨中和萨北地区开辟了三次采油提高采收率试验区。随着科学技术的进步，尤其是90年代以来，大庆油田又开展了碱—表面活性剂—聚合物三元复合驱油技术研究。通过科技攻关，发展了聚合物驱理论，解决了波及体积小的难题，首次实现大规模工业化高效应用；同时，创新了三元复合驱理论，发明了专用表面活性剂，解决了洗油效率低的难题，实现了化学驱技术的升级换代。大庆油田化学驱后原油采收率已超过60%，是同类水驱油田的两倍，相当于可采储量翻一番，采用三次采油技术生产的原油年产量连续19年超1000×10^4t，累计达2.8×10^8t，已成为大庆油田可持续发展的重要支撑技术。

为了更好地总结三次采油技术相关成果，以大庆油田的科研试验成果为主，出版了这套《三次采油技术丛书》。本套丛书涵盖复合驱表面活性剂、聚合物驱油藏工程技术、三元复合驱油藏工程技术、微生物采油技术、化学驱油田化学应用技术和化学驱地面工艺技术6个方面，丛书中涉及的内容不仅是作者的研究成果，也是其他许多研究人员长期辛勤劳动的共同成果。在丛书的编写过程中，得到了大庆油田有限责任公司的大力支持、鼓励和帮助，在此致以衷心的感谢！

希望本套丛书的出版，能够对从事三次采油技术的研究人员、现场工作人员，以及石油院校相关专业的师生有所启迪和帮助，对三次采油技术在大庆油田乃至国内外相似油田的大规模工业应用起到一定的促进作用。

前　言

复合驱是一项可以大幅度提高原油采收率的技术。大庆油田在原油各组分对界面张力影响程度研究的基础上，根据亲水亲油平衡理论，研究建立了低酸值原油复合驱油理论，为大庆低酸值石蜡基原油开展复合驱奠定了基础。

经过多年的技术攻关，深入分析了石油磺酸盐、石油羧酸盐、木质素磺酸盐、烷基苯磺酸盐等复合驱用表面活性剂理化性能，鉴于原料来源、生产工艺以及产品性能，确定了大庆油田复合驱开发以烷基苯磺酸盐和石油磺酸盐为主表面活性剂的攻关方向，研制出了具有自主知识产权的强碱表面活性剂、弱碱表面能活性剂等系列产品，成功推动了复合驱工业化应用，取得了显著的增油降水效果和社会经济效益，使复合驱在大庆油田成为持续有效开发的重要技术。

全书共分四章，第一章着重介绍了表面活性剂相关的物理化学现象以及表面活性剂性质等内容；第二章论述了复合驱油机理；第三章重点介绍了近些年来大庆油田研制出的系列表面活性剂的合成工艺及性能；第四章简单介绍了不同表面活性剂复合驱在大庆油田不同油层应用效果。

全书由程杰成、伍晓林和侯兆伟组织编写与统稿，参加编写的人员还有王海峰、丁玉敬、杨勇、郝金生、范登御、刘春天、王云超等。

复合驱表面活性剂驱油技术涵盖诸多学科，由于作者水平有限，书中难免存在疏漏和不足之处，敬请读者批评指正。

目 录

第一章 表面活性剂的物理化学

在原油开采过程中，油藏中流体的流动不仅受储层孔隙结构的影响，同时受到油气表面张力、油水界面、润湿性、吸附、乳化等的影响。尤其是在三元复合驱油体系驱替过程中，伴随着许多气—液、液—液、气—固、液—固界面的物理化学作用。因此，流体表面、界面现象的清晰表征对于油田开发具有重要影响，对于优化复合驱油体系配方和提高原油采收率具有十分重要意义。

第一节 复合驱常见的界面现象

一、表面张力及测定方法

1. 范德华引力

物质分子间存在多种类型的相互作用，因此分子间存在相互作用力。通常用分子间相互作用势能来描述分子间相互作用，以正的势能表示排斥，负的势能表示吸引。分子间势能是分子间距离的函数，通常与距离的负指数幂成正比，不同类型的相互作用，幂指数不同。永久偶极子之间的相互作用力——静电力（Keesom 力），永久偶极子与诱导偶极子之间的相互作用力——诱导力（Debye 力），以及诱导偶极子之间的相互作用力——色散力（London 力）构成了人们通常所称的范德华（Van der Waals）引力。它是吸引力，并与距离的 6 次方成反比，范德华引力正是产生各种界面现象的根源。范德华引力虽然只是分子间的引力，但它具有加和性，其合力足以穿越相界面而起作用，其中又以色散力的加和尤为重要。胶态范围内的宏观质点间也存在相互作用力，这种相互作用力实质上就是这些分子间相互作用力的合力。由于这种力能在较长的距离内起作用，因而又称为长程力，显然长程力也是吸引力[1]。

2. 表面过剩自由能

既然分子间存在范德华引力，那么分子所受到的作用力必与其所处的环境有关[2]。以液体表面（气—液界面）为例，液体内部的分子在各个方向上所受到的作用力相互抵消，分子所受合力为零。但对表面分子而言，由于气体分子对它的吸引力较小，它所受到的来自各个方向的作用力就不能完全抵消，于是形成了一个垂直指向液体内部的合力，称为净吸力，如图 1–1 所示。由于这个净吸力的存在，致使液体表面的分子有被拉入液体内部的倾向，即表面上的分子总要千方百计地要往液体内部钻，宏观上表现为液体具有自动收缩的倾向。

用一个 U 形金属框和一根活动金属滑丝制备液膜（图 1–2）时，为了把液体拉成液膜，必须在滑丝上施加一个外力 F，其方向与液面相切，与滑丝垂直。当液膜处于平衡时，必有一个与 F 大小相等，方向相反的力作用于滑丝，这个力就是表面张力。设滑丝的长度为 l，以 γ 表示表面张力，考虑到液膜有两个面，则 γ 与 F 有下列关系：

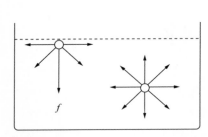
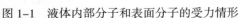
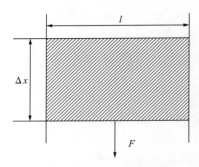

图 1–1　液体内部分子和表面分子的受力情形　　图 1–2　作用于液膜的力

$$F = 2l\gamma \tag{1-1}$$

$$\gamma = \frac{F}{2l} \tag{1-2}$$

式（1–2）表明，表面张力是作用于金属丝框单位长度上的力，其方向与液面相切。另外，也可以从能量的角度来考察表面张力，当增加液体的表面积时，等于将液体内部分子搬到液体表面，这个过程要克服液体内部分子的吸引力，因而要消耗外功，于是表面张力可以定义为增加单位面积所需提供的可逆功：

$$\gamma = \frac{-\,\mathrm{d}W_r}{\mathrm{d}A} \tag{1-3}$$

按照能量守恒定律，外界所提供的功将以能量的形式贮存于表面，成为表面分子所具有的一种额外能量。仍以图 1–2 所示的液膜为例，在外力 F 作用下活动金属丝移动的距离为 Δx，于是有：

$$-\,W_r = F\Delta X \tag{1-4}$$

所产生的表面积为：

$$A = 2\Delta X l \tag{1-5}$$

代入式（1–3）得到：

$$\gamma = \frac{-\,W_r}{A} = \frac{F\Delta x}{2\Delta x l} = \frac{F}{2l} \tag{1-6}$$

因此，无论以单位长度上的力或单位面积上的过剩能量来描述表面张力，结果都一样。γ 的常用单位为 N/m 或 mN/m，而单位面积上的能量单位通常用 J/m²，两者本质上也是一致的：$\dfrac{N}{m} \times \dfrac{m}{m} \times \dfrac{J}{m^2}$。显然这是对同一事物从不同角度提出的两个物理量。通常在考虑界面热力学问题时，用表面过剩能量（Gibbs 自由能）比较恰当；而在分析各种界面交接时的相互作用以及它们的平衡关系时，采用表面张力则比较方便。

3. 界面张力与表面张力的相关性

表面张力是指液体与其蒸气或空气之间的界面张力。与表面相比，界面更为广义。当两相中没有气体相时，就不再称表面，而称为界面，相应地表面张力也改称为界面张力。因此，表面张力只是界面张力的特殊情形。界面张力主要有液—液、液—固和气—固界面张力，而后两个通常难以测定，因此只有液—液界面张力最令人感兴趣。表面张力由分子间相互作用所引起，显然界面张力也起源于分子间相互作用。当两个凝聚相相接触时，相界面两侧的不同分子间也存在相互作用，这种相互作用力即前面所提到的长程力，主要是色散力，能在较大的分子间距内起作用[3]。在气—液界面，表面张力的产生是由于气相分子对液相分子的吸引力小于液相分子间的吸引力，导致产生一个垂直指向液体内部的净吸力所致。显然，当气体被另一个凝聚相取代时，则两个凝聚相分子间的吸引力一般比气体—凝聚相分子间的吸引力要大得多。例如水—油两相接触，油分子对水分子的吸引力就要比气体分子对水分子的吸引力大得多，于是界面上水分子受到的净吸力减小，相应地，界面张力比表面张力减小。在定量方面，如果表面张力与净吸力成正比，则界面张力应等于两个凝聚相的表面张力之差，即有：$\gamma_{AB} = \gamma_A + \gamma_B$（当$\gamma_A > \gamma_B$时）。然而，实际测定结果虽然总体趋势符合，但在数值上确有较大偏差。研究表明，导致偏差的原因是两个液相相互接触后，两相间有一定的互溶度，正是这种"互溶"改变了原先两相的表面张力。因此当用两个液相相互饱和时的表面张力 γ' 来代替纯液相的表面张力 γ 时，界面张力等于两相的表面张力之差确实成立，该式被称为 Antonow 法则：

$$\gamma_{AB} = \gamma_A' - \gamma_B'（当 \gamma_A' > \gamma_B' 时）\tag{1-7}$$

4. 表（界）面张力的测定

表（界）面张力的测定有多种方法。不同方法具有各自的特点，但也有各自的缺点，应用场合也不同。毛细上升法是最为经典的方法之一，可用于测定静态平衡表面张力。其缺点是对不能完全润湿管壁的液体需要估算接触角，程序复杂，此外需要使用专门的测高仪，因此目前的应用并不普遍。作为商品表（界）面张力测定仪，其依据的基本原理分为测力法（如 Whilhemy 吊片法和 Du Noüy 环法）、体积测定法（滴体积法）和图像分析法（旋转液滴法）等。

1）Whilhemy 吊片法

表面张力是作用于单位长度上的力。这一原理可直接用于表面张力的测量。将一长度为 l，厚度为 l' 的薄片（Whilhemy plate）浸入液面，当拉起此薄片时，沿其周边将受到表面张力的作用，如图 1-3 所示。设液体对此薄片的接触角为 θ，若拉破液面所需的力为 F，则 F 必与表面张力平衡：$F = 2\gamma\cos\theta(l + l')$，于是有：

$$\gamma = \frac{F}{2\cos\theta(l + l')}\tag{1-8}$$

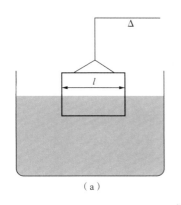
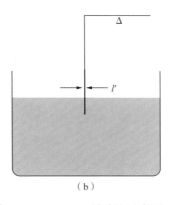
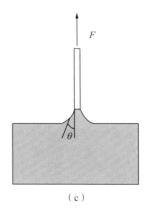

（a） （b） （c）

图 1-3 Whilhemy 吊片法示意图

然而，准确地测定接触角并非易事。通常用很薄的铂片、云母片或玻璃片作吊片，并将表面打毛以增加对液体的润湿性，使液体的接触角尽可能为零，并且 l' 相对于 l 可忽略不计，于是式（1-8）简化为：

$$\gamma = \frac{F}{2l} \tag{1-9}$$

吊片法是迄今商品表面张力仪所采用的经典方法，当 θ 为零时，无须做任何校正。其缺点是对 θ 不为零的液体，需要知道 θ，这一点很困难。

该法也可用于测定油—水界面张力，方法是在水层上加油，即用油取代液体上面的空气，形成油—水界面，然后将吊片放到界面以下再拉起。需要注意的是，油层应足够厚，以保证在拉起液膜时吊片边缘不露出油层。

2）Du Noüy 环法

如果用一铂金圆环代替吊片，同样可以测定表面张力，此法称为 Du Noüy 环法。如图 1-4 所示，设环的内半径为 R'，环丝半径为 r，则环的内外周长分别为 $2\pi R'$ 和 $2\pi(R'+2r)$。当环被拉起时，环的内周和外周都受到表面张力的作用。若液体完全润湿圆环，而环被拉起时液膜呈理想状态［图 1-4（b）］，则拉力 F 与表面张力有如下关系：

$$F = \gamma\left[2\pi R' + 2\pi(R'+2\gamma)\right] = 4\pi\gamma(R'+r) \tag{1-10}$$

令 $R = R'+r$ 为圆环的平均半径，式（1-10）变为：

$$F = 4\pi R\gamma \tag{1-11}$$

然而，实际情况远非如此理想［图 1-4（c）］。为使式（1-11）成立，需要引入校正因子 f：

$$\gamma = fF/(4\pi R) \tag{1-12}$$

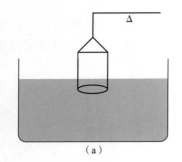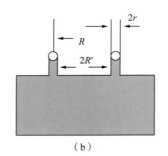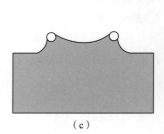

（a）　　　　　　　　　　（b）　　　　　　　　　　（c）

图 1-4　Du Noüy 吊环法测表面张力示意图

研究表明，校正因子 f 是 R/r 及 R^3/V 的函数，这里 V 为圆环带起来的液体的体积，可由 $F = mg = V\rho g$ 计算，其中 ρ 为液体的密度。

3）滴体积法

当液体从一个毛细管管口滴落时，落滴大小与管口半径及液体表面张力有关。表面张力越大，液滴越大。若液滴自管口完全脱落，则落滴质量 m 与表面张力 γ 有如下关系：

$$mg = 2\pi R\gamma \tag{1-13}$$

式中　　g——重力加速度；

　　　　π——圆周率；

　　　　R——毛细管口半径，当液体能润湿端面时，R 指端头的外径，反之为内径。

然而，液滴自管口滴落总是有一些残留，如图 1-5 所示，残留液体有时可多达整体液滴的 40%，因此式（1-13）必须修正后方可应用。

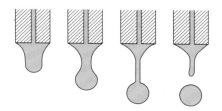

图 1-5　滴体积法落滴示意图

式（1-13）改写为：

$$mg = k \times 2\pi R\gamma \tag{1-14}$$

$$\gamma = \frac{1}{2\pi k}\frac{mg}{R} = F\frac{mg}{R} \tag{1-15}$$

式中，$F = 1/(2\pi k)$ 为校正因子。研究表明，F 是 V/R^3 的函数（V 为落滴的体积），而与滴管材料、液体密度、液体黏度等因素无关。根据测得的落滴体积和管口半径，再代入液体密度 ρ，即可计算表面张力：

$$\gamma = F\frac{V\rho g}{R} \tag{1-16}$$

该法也可演变为滴重法，连续滴 n 滴，用天平称出质量 W，则 $W = nV\rho$。滴体积法的特点是简单易行。用一根 0.2mL 的移液管将锥形部分切割掉一块，使断面的直径达到 0.2~0.4cm，用砂纸蘸水磨平，再用细砂纸蘸水磨光，即可用来测定。测定时将被测溶液放入一个 100mL 的量筒中，量筒置于一个恒温缸中，用一个与量筒大小匹配的软木塞或橡皮塞，使滴管穿过塞子，另一头与一个针筒相连。将滴管头部插入液面以下，用针筒吸入液体至最大刻度，然后将滴管提至液面上方，注意使管口液体全部拉入管内，读出液面的起始刻度，然后控制针筒使管内液滴慢慢滴下，读出最终刻度，根据刻度差和液滴的滴数计算每滴的体积，查出校正因子，即可计算出表面张力。该法也可用于测定油—水界面张力。当需要使油在水中成滴时要采用弯管。滴体积法所测表面张力具有一定的动态特性[4]，因为液滴滴落时总有一部分表面是新形成的。对表面活性剂体系，平衡时间的长短会显著影响表面张力的大小，因此为了获得静态平衡表面张力，应使液滴的体积尽量达到其最大体积，并给予充分的平衡时间，尤其对低浓度体系，但是手动控制有一定的难度。目前已有基于滴体积原理的商品界面张力仪，测定实现了自动化，尤其是通过采用特定的管口形状设计，使得液滴滴落时没有残留，因此无须校正，同时平衡时间也可以自动控制，可应用于测定动态和平衡表（界）面张力。

4）旋转液滴法

该法适用于测定非常低的液—液界面张力，在微乳液和提高石油采收率的研究中特别重要。如图 1-6 所示，一轻相液滴 A 悬浮在含另一液体 B 的管中，当管子转动时，轻相液滴运动至中心。界面张力趋向于使液滴呈球状，但随着转速的增加，离心力克服界面张力使液滴拉长，直至在一定转速下达到平衡。在高界面张力、低转速情形下，液滴近似为椭球，但在低界面张力、高转速情形下，液滴近似为细长的圆柱状。后一种情况使 γ 的计算变得简单。设管子的转速为 ω（角速度），两相的密度差为 $\Delta\rho$，则微小体积元受到的离心力为 $\omega^2 r\Delta\rho$，其中 r 为距转动轴心的距离。在 r 处的势能为 $\omega^2 r^2 \Delta\rho/2$，而长度为 l、半径为 r_0 的圆柱的总势能为：

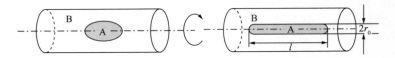

图 1-6　旋转液滴法测定界面张力

$$U = l \int_0^{r_0} \omega^2 \gamma^2 \frac{\Delta\rho}{2} 2\pi r dr = l\pi\omega^2 \Delta\rho \frac{r_0^4}{4} \tag{1-17}$$

圆柱的界面过剩自由能为 $2\pi r_0 l\gamma$，于是体系的总自由能为：

$$G = l\pi\omega^2 \Delta\rho \frac{r_0^4}{4} + 2\pi r_0 l\gamma = \frac{V}{4}\omega^2 \Delta\rho r_0^2 + 2V\frac{\gamma}{r_0} \tag{1-18}$$

式（1-18）中，V 为圆柱状液滴的体积（$V = \pi r_0^2 l$）。平衡时有：

$$\frac{dG}{dr_0} = 0 \tag{1-19}$$

于是得到：

$$\gamma = -\frac{\omega^2 \Delta\rho r_0^3}{8} \tag{1-20}$$

根据实测的一定转速下的 r_0，即可计算界面张力。通常当液滴的长宽比（$l/2r_0$）> 4 时，液滴可近似地看成是圆柱体，因而可采用上述简化处理。当 $l/2r_0 < 4$ 时，液滴为椭球形，其理论处理复杂，上述公式不再适用。旋转液滴法可测出 $10^{-5} \sim 10^{-3}$ mN/m 的超低界面张力，是目前测定低界面张力的主要方法。

二、弯曲液面两侧压力差与 Laplace 方程

在实践中可以观察到下列现象：从一小管吹出一个肥皂泡，当停止吹气并让另一端连接大气时，肥皂泡将自动缩小，表明气泡内外存在压力差。将一根毛细管插入液体，若液体能润湿毛细管，则液面呈凹形，液体在管内将上升一段距离[5]；反之，液面呈凸形，液体在管内下降。这表明弯曲液面两侧也存在压力差，而且此压力差与弯曲液面的形状有关。

下面讨论这种压力差与液面形状及液体表面张力的关系。图 1-7（a）表示一个半径为 R 的球形液滴（1）处于气相（g）中，两相的界面为 S，厚度为 δ，且有 $R \gg \delta$。在此界面是弯曲（球状），设界面两侧的压力分别为 p_1 和 p_g，恒温条件下使球形液滴的体积增加 dV，则表面积相应地增加 dA，在此过程中环境为克服表面张力所消耗的体积功等于球形液滴表面过剩自由能的增加：

$$(p_1 - p_g)dV = \gamma dA \tag{1-21}$$

由于是球面，由球面积公式和球体积公式分别得到 $dA = 8\pi R dR$，$dV = 4\pi R^2 dR$，代入式（1-21）得：

$$(p_1 - p_g) = \Delta p = \frac{2\gamma}{R} \tag{1-22}$$

由式（1-22）可知：（1）在数值上，Δp 与 γ 成正比，与 R 成反比。γ 越大，R 越小，则 Δp 越大。（2）在方向上，Δp 与液面的形状有关。对于凸液面，定义 $R > 0$，例如图 1-7（b）所示的空气中的液滴，得到 $\Delta p > 0$，即 $p_1 > p_g$，表示液相内部压力高于外

部（气相）压力，附加压力指向液体内部。对凹液面，定义 $R < 0$，例如图 1-7（c）所示的气泡在水中，得到 $\Delta p < 0$，即 $p_1 < p_g$，表示液相内部压力小于外部压力，这时附加压力的方向指向气泡。对于平液面，$R \rightarrow \infty$，$\Delta p = 0$。

显然，对于弯曲界面，凹面一侧的压力总是大于凸面一侧的压力。因此，如果将图 1-7（c）中的气泡与大气连通，则气泡会自动缩小。气泡越小，受到的附加压力越大。例如 25℃时水的表面张力 $\gamma = 72$mN/m，则一个半径为 100nm 的气泡在水中受到的附加压力 $\Delta p = 1.44$MPa，即 14.7 个大气压。若以平液面为参比，则当高度相同时凸面下液体的压力大于平面下液体的压力，而凹面下液体的压力小于平面下液体的压力。

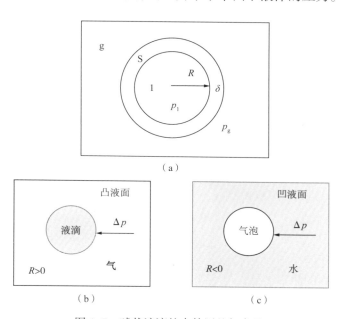

（a）

（b）　　　　　　　（c）

图 1-7　球状液滴的内外压差与半径

对任意非球形液面（图 1-8），平衡时使其扩张无限小量，即 $x \rightarrow x+dx$，$y \rightarrow y+dy$，$z \rightarrow z+dz$，则体积增加 $dV = (xydz)$，扩大表面积所需的功为 $\Delta p (xydz)$，表面积增加 $dA = d(xy)$，表面过剩自由能的增加为 $\gamma d(xy)$，两者应相等：$\Delta p (xydz)$ $= \gamma d(xy) = \gamma (ydx+xdy)$。由三角形 AOB 和三角形 $A'OB'$ 的相似性可得：$(x+dx)(R_1+dz) = x/R_1$，解得 $dx = xdz/R_1$；同理可得 $dy = ydz/R_2$，于是有 $\Delta p (xydz) = \gamma (xydz/R_1+xydz/R_2)$，简化即得：

$$\Delta p = \gamma \left(\frac{1}{R_1} + \frac{1}{R_2} \right) \qquad (1-23)$$

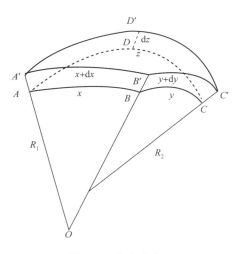

图 1-8　非球形曲面

式（1-23）即为著名的 Laplace 方程，它表示弯曲液面两侧的压力差与表面张力和曲率半径的关系。显然当 $R_1 = R_2$ 时，曲面即为球面，式（1-23）还原为式（1-22）。

三、毛细上升与下降现象

现在可以方便地用 Laplace 方程来解释前面提到的毛细上升和下降现象[6]。如图1-9所示，将毛细管插入液面，当液体润湿管壁时，液面为凹形［图1-9（a）］，θ 称为接触角且 $\theta < 90°$。由 Laplace 方程得 $\Delta p < 0$，Δp 的方向指向凹面上的气体，即毛细管内凹面下液体的压力小于平面上的压力。在此 Δp 的作用下，液面上升至某一高度 h，使液柱的静压与此 Δp 相平衡。若忽略弯月面部分液体的重量，则有：

$$\Delta p \approx \Delta \rho g h \qquad (1-24)$$

式中　$\Delta \rho$——两相的密度差；

　　　g——重力加速度。

代入 Laplace 公式有：

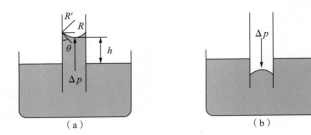

图1-9　毛细上升和下降

$$\frac{2\gamma}{R'} \approx \Delta \rho g h \qquad (1-25)$$

其中，R' 为液面的曲率半径，与毛细管半径 R 的关系为 $R=R'\cos\theta$，代入式（1-25）得：

$$h = \frac{2\gamma \cos\theta}{\Delta \rho g R} \qquad (1-26)$$

当 $\theta=0$ 时有：

$$h = \frac{2\gamma}{\Delta \rho g R} \qquad (1-27)$$

因此，只有当弯月面为半球形时，式（1-27）才成立。同理，当液体不能润湿管壁时，接触角大于90°，管内液面为凸形［图1-9（b）］，于是 $\Delta p > 0$，方向指向液体内部，即管内凸面下液体的压力高于平面液体的压力，迫使液面下降，下降深度也遵循式（1-26）。

式（1-27）可写成：

$$\gamma = \frac{\Delta \rho g R}{2} h \qquad (1-28)$$

式（1-28）表明，表面张力与毛细上升高度成正比，这为表面张力的测定提供了一个经典方法。

四、润湿性和接触角测定

1. 润湿

将一滴水滴在干净的玻璃上，水滴会铺展开来，呈一薄层覆盖在玻璃表面，原来与玻璃接触的空气被水取代了。但如果将一滴水银滴在玻璃表面，则水银呈球状，不能铺开。人们将表面上一种流体被另一种流体所取代的过程称为润湿。润湿过程至少涉及 3 个相，其中至少 2 个相为流体。一般狭义的润湿专指固体表面上的气体被液体取代的过程[7]。润湿有三种基本类型。

1）沾湿

这种润湿过程指液体与固体表面接触，以液（l）—固（s）界面取代原来的气（g）—固界面，如图 1–10 所示。设接触面为单位面积，则此过程的自由能下降为：

$$W_a = -\Delta G = \gamma_{sg} + \gamma_{lg} - \gamma_{sl} \tag{1-29}$$

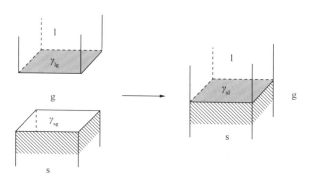

图 1–10　沾湿过程

它向外做的功 W_a 称为黏附功。显然，W_a 越大，体系越稳定，液—固界面结合得越牢。因此，沾湿的条件是 $W_a \geq 0$，即：

$$\gamma_{sg} + \gamma_{lg} - \gamma_{sl} \geq 0 \tag{1-30}$$

若将上述固体换成同样面积的液体，类似地有：

$$W_c = \gamma_{lg} + \gamma_{lg} - 0 = 2\gamma_{lg} \tag{1-31}$$

其中，W_c 称为内聚功，反映了液体自身间结合的牢固程度，是液体分子间相互作用力大小的表征。由于一般液体的表面张力皆大于零，因此 $W_c \geq 0$，即内聚过程总是自发的。

2）浸湿

如图 1–11 所示，将一固体浸入液体中，原有的固—气界面消失而新形成固—液界面，当浸入面积为单位面积时，过程的自由能降低为：

$$W_i = -\Delta G = \gamma_{sg} - \gamma_{sl} \tag{1-32}$$

W_i 称为浸湿功，恒温恒压下浸湿发生的条件为 $W_i \geq 0$，即：

$$\gamma_{sg} - \gamma_{sl} \geq 0 \tag{1-33}$$

图 1–11　浸湿过程

3）铺展

将液体滴在固体表面上，若液体能在固体表面展开，则此过程称为铺展。与沾湿、浸湿不同的是，铺展过程中除了固—液界面取代固—气界面外，还新形成了液—气界面，如图1-12所示，因此过程的自由能降低为：

图1-12　液体在固体表面上的铺展

$$S = -\Delta G = \gamma_{sg} - \gamma_{sl} - \gamma_{lg} \tag{1-34}$$

S称为铺展系数，恒温恒压时$S \geqslant 0$为铺展发生的条件。应用黏附功和内聚功的概念，式（1-34）可写成：

$$S = \gamma_{sg} - \gamma_{sl} + \gamma_{lg} = W_a - W_c \tag{1-35}$$

式（1-35）表明，当固—液黏附功大于液体内聚功时，液体能自行铺展于固体表面。

2. 接触角和Young方程

虽然从黏附功的大小可知液体能否润湿固体，但因固—气界面的自由能或界面张力难以测定，从而无法得到W_a，为此考虑从另一个角度来考察润湿。将一滴液体滴在固体上，由于界面张力的作用，达到机械平衡时液滴具有一定的形状，如图1-13所示。以液—固—气三相接触点为原点，沿液—气界面作一切线，此切线与液—固界面所成的夹角（将液体包在其中）θ称为接触角，也称为润湿角。平衡时，θ与各界面张力之间的关系为：

（a）$\theta < 90°$　　　　　　（b）$\theta > 90°$

图1-13　液体在固体表面上的接触角

$$\cos\theta = \frac{\gamma_{sg} - \gamma_{sl}}{\gamma_{lg}} \tag{1-36}$$

式（1-36）为著名的Young方程，也称为润湿方程。将式（1-36）分别代入式（1-29）和式（1-34）可得：

$$W_a = \gamma_{sg} + \gamma_{lg} - \gamma_{sl} = \gamma_{lg}(1 + \cos\theta) \tag{1-37}$$

$$S = \gamma_{sg} - \gamma_{sl} - \gamma_{lg} = \gamma_{lg}(\cos\theta - 1) \tag{1-38}$$

因此，测定出接触角即可计算黏附功W_a和铺展系数S。不难看出，接触角是很好的润湿判断标准，接触角越小，润湿性越好。通常当接触角$\theta \leqslant 90°$时，固体能被液体润湿；当接触角$\theta > 90°$时，固体不能被液体润湿；当接触角$\theta \leqslant 0°$时，液体能在固体表面铺展。

Young方程是由Thomas Young于1805年定性地提出来的，可以看成是三相交界处三个界面张力平衡的结果。此关系只适合于平的、均匀的、固—液相间无相互作用的理想平衡体系。由于固—气界面张力无法测定，而实际界面又多是粗糙不平的，Young 方程的实验验证至今仍是难题。

3. 接触角的测定

测定接触角的方法有许多种，图 1-14 是其中一些方法的原理示意图。

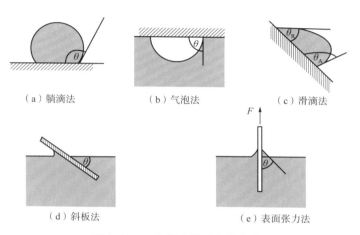

（a）躺滴法　　　　（b）气泡法　　　　（c）滑滴法

（d）斜板法　　　　　　　（e）表面张力法

图 1-14　一些测定接触角的方法

躺滴法、气泡法、滑滴法以及斜板法等属于直接法。其中躺滴法和气泡法就是观察躺滴或气泡的外形，在三相交界处作切线，再量出角度。早期的仪器利用光学放大原理将躺滴或气泡外形放大，并通过装在显微镜目镜内的可移动式量角器测量接触角。由于切线难以作得准确，因此这些方法通常有较大的误差。目前，一些先进的仪器运用摄像系统获得躺滴或气泡的外形图像，然后利用计算机软件处理图像，计算得到接触角。计算依据的原理有多种，结果比切线法更为可靠。此外，用滑滴法可以测出前进角和后退角。

斜板法的原理是将固体板插入液体中，只有当板与液面的交角恰好等于接触角时，液面才能一直延伸到润湿线而不出现弯曲［图 1-14（b）］。若交角偏离接触角，则液面将出现弯曲［图 1-14（a）和图 1-14（c）］。因此，不断地改变插入角度，直至得到图 1-14（b）那样的情形，则板与液面的夹角即为接触角。此法避免了作切线带来的误差，但需要较多的液体。

图 1-14（e）所示的是一种间接法。将固体做成吊片，通过测定液体的表面张力可间接地求出接触角。设吊片的周长为 l，液体的表面张力为 γ_{lg}，则将吊片拉离液面所需的力 F 为：

$$F = \gamma_{\mathrm{lg}} l \cos\theta \tag{1-39}$$

式（1-39）中的力 F 可通过表面张力仪或电子天平等装置测出，于是可求得接触角：

$$\cos\theta = \frac{F}{\gamma_{\mathrm{lg}} l} \tag{1-40}$$

此法常用于测定液体在头发或纤维上的接触角，但由于 F 很小，需要高灵敏度测力装置。

测定接触角时温度和平衡时间对测量结果有一定的影响，但不是造成测量误差的主要因素。室温下一般体系的接触角温度系数为 0°~0.2°/℃。达到平衡的快慢与液体的黏度有关。低黏度液体达到平衡快，高黏度液体则需要较长时间才能达到平衡。当有表面活性剂存在时，由于吸附对接触角有明显的影响，而吸附达到平衡也需要一定的时间，接触角可能随时间而变化。

第二节　表面活性剂的溶解特性

一、离子型表面活性剂的临界溶解温度

实验研究表明，在较低的温度（例如冬季室温）下离子型表面活性剂在水中的溶解度通常随温度的升高而缓慢增加，但当达到某一温度后，溶解度突然猛增，如图 1–15 所示。这一温度称为离子型表面活性剂的临界溶解温度，又称 Krafft 点。离子型表面活性剂在水中的溶解靠的是离子与水分子之间的强相互作用。与无机电解质相类似，低温时溶解度小，溶解度随温度的上升而增加，但是无机电解质绝不会有如图 1–15 所示的溶解度曲线。离子型表面活性剂之所以会出现这样的溶解度曲线，是因为表面活性离子可以以单体或聚集体（胶束）两种形式存在于水中；低温下只有单体能够溶解，因此，溶解度随温度上升缓慢增加，而胶束的溶解需要更高的温度，因此 Krafft 点正是胶束的溶解温度。Krafft点是离子型表面活性剂的特性常数之一，它从一定程度上表征了离子型表面活性剂在水中的溶解性能。通常 Krafft 点随碳氢链长的增加而升高，当烷基链长相同时，阳离子往往比阴离子具有更低的 Krafft 点。从实际应用角度看，表面活性剂以具有较大的溶解度为好，因此，Krafft 点越低越好。

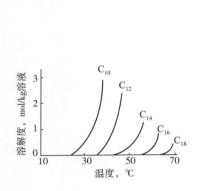
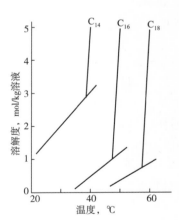

图 1–15　烷基硫酸钠的溶解度与温度的关系

二、非离子型表面活性剂的浊点

将非离子表面活性剂溶于水中，浓度为 1% 左右，得到透明溶液，然后将溶液加热，当达到某一温度时，可以观察到溶液突然变浑浊，这一温度称为浊点。当温度下降时，溶液又重新变得透明，即浊点现象是可逆的，因此，用升温法和降温法测得的浊点是一致的。

非离子型表面活性剂通过分子中醚氧原子或羟基氧原子与水形成氢键而溶于水。而氢键的特性是在低温时牢固，但随着温度的上升而减弱并最终断裂。因此，在低温下非离子表面活性剂有较大的溶解度，而在较高温度时，随着氢键的断裂，表面活性剂将从溶液中析出，体系从均相变成非均相，外观表现为浑浊。当温度下降时，氢键得以恢复，因此，溶液又变得透明。

浊点的高低一定程度上反映了非离子型表面活性剂水溶性的大小，通常浊点越高，水溶性越强。对聚氧乙烯型非离子，浊点随环氧乙烷加成数的增加而增加，而无机盐的存在可使浊点显著降低，因此，当浊点超过 100℃ 时，可以加入 NaCl 使浊点降到 100℃ 以内。

三、影响表面活性剂水溶性的主要因素

影响表面活性剂水溶性的主要因素有表面活性剂本身的分子结构、外加无机盐和有机物等。其中，分子结构影响主要来源于亲水基和亲油基两方面。

（1）亲水基的影响。

在亲油基相当的情况下，亲水基的种类不同导致表面活性剂的水溶性各不相同。一般说来，离子型表面活性剂的水溶性远远大于非离子型的，而离子型表面活性剂中，硫酸酯盐、磺酸盐以及阳离子型的水溶性一般大于羧酸盐和磷酸盐型的。

当烷基链长相同时，亲水基在分子中的位置对水溶性有显著影响。一般来讲，亲水基位于分子中间时比位于分子末端具有更好的水溶性。增加亲水基的数目会显著增加表面活性剂的水溶性，但有"打破表面活性剂原有两亲平衡"的风险，导致表面活性剂的表面活性减弱或丧失。

（2）亲油基的影响。

表面活性剂的亲油基一般是碳氢链，显然碳氢链的种类和大小对表面活性剂的水溶性有较大影响。按照脂肪族（石蜡烃 < 烯烃）< 带脂肪族支链的芳烃 < 芳烃 < 带弱亲水基的脂肪族或芳香族亲油基的次序，亲水性递增。换言之，在直链烷基中引入支链、不饱和键、羟基等将导致水溶性增加。对亲水基相同的同系物表面活性剂，水溶性随亲油基碳原子数的增加而减小。例如，离子型表面活性剂同系物的 Krafft 点（T_K）与碳原子数存在如下关系：

$$T_K = a + bn_C \tag{1-41}$$

式中　a、b——常数；

　　　n_C——亲油基碳原子个数。

（3）无机盐的影响。

无机盐离子在水中强烈水化，使得自由水分子数量减小，由此减弱了表面活性剂在水中的溶解。对离子型表面活性剂，加入与表面活性剂具有共同离子的无机盐导致 Krafft 点升高，并与无机盐的浓度存在如下关系：

$$\lg T_K = a' + b'\lg c_s \tag{1-42}$$

式中　a'、b'——常数；

　　　c_s——共存无机盐的浓度。

如果所加无机盐与表面活性剂没有相同的离子成分，彼此之间可发生离子交换，情况相对复杂，但总的结果是使表面活性剂的水溶性降低。前已述及，非离子型表面活性剂的浊点往往因添加无机电解质而降低。降低的幅度与电解质的离子强度成正比。

（4）有机物的影响。

在表面活性剂水溶液中添加低级醇、酮和尿素等与水亲和性较大的有机物时，表面活性剂的水溶性将会增大。例如离子型表面活性剂的 Krafft 点与水溶液中低级醇的浓度有如下关系：

$$\lg T_{\mathrm{K}} = a'' + b'' \lg c_{\mathrm{ROH}} \tag{1-43}$$

在 Krafft 点以下温度时，离子型表面活性剂的溶解度很小，如果加入少量的水溶性聚合物，表面活性剂的溶解度也会增大，且所添加的聚合物分子量越大，效果越显著。另外，非离子型表面活性剂的浊点随极性有机物的添加而降低，但若是添加不超过 1%的烃类物质却可使浊点略有上升，上升幅度随烃类物质的碳链长度增加而增大。

四、表面活性剂的亲水亲油平衡

作为双亲化合物，表面活性剂的最重要的特性之一是它既可以溶于水又可能溶于油，取决于其分子结构中亲水基和亲油基的相对强弱。早在 1945 年，Griffin 就提出了亲水亲油平衡值概念，简称 HLB 值。这是首次用数值方法来表示表面活性剂的亲水性大小。其定义为：

$$\text{表面活性剂的亲水性} = \frac{\text{亲水基的亲水性}}{\text{疏水基的憎水性}} \tag{1-44}$$

对聚乙二醇型和多元醇型非离子表面活性剂，HLB 值可用下式计算：

$$\text{HLB} = \frac{E + P}{5} \tag{1-45}$$

式中　E——分子中聚乙二醇的质量分数；

　　　P——多元醇的质量分数。

例如，对于纯烷烃，$E=0$，$P=0$，所以 HLB=0；而纯的聚乙二醇，$E=100$，$P=0$，HLB=20。所以按式（1-45）的定义，非离子表面活性剂的 HLB 值总是处于 0 和 20 之间。对结构复杂、含其他元素（氮、硫、磷等）的非离子，式（1-45）不适用。对离子型表面活性剂，由于不同离子的亲水性强弱不同，因此，不能用分子量相对大小计算 HLB 值。为此，后人提出了 HLB 基团数目加和法，即给组成表面活性剂分子的各个基团规定一个数值，称为 HLB 基团数，然后用下式来计算表面活性剂的 HLB 值：

$$\text{HLB} = 7 + (\text{亲水的基团数}) + (\text{亲油的基团数}) \tag{1-46}$$

对同系表面活性剂，HLB 值具有加和性。因此，同系混合表面活性剂的 HLB 值可应用加和规则来计算。例如对二元混合物有：

$$\text{HLB}_{\mathrm{m}} = w_1 \text{HLB}_1 + (1 - w_1) \text{HLB}_2 \tag{1-47}$$

式中　w_1——表面活性剂 1 的质量分数；

　　　HLB_1、HLB_2——表面活性剂 1 和表面活性剂 2 的 HLB 值。

第三节　表面活性剂胶束及临界胶束浓度

具有表面活性的溶质在溶液中形成胶体尺寸的聚集体称为胶束，胶束形成或胶束化是一种重要的现象，因为不仅一系列重要界面现象，如去污和增溶作用等取决于溶液中胶束的存在，而且胶束形成或胶束化会直接影响其他与胶束不直接相关的界面现象，如表面或界面张力降低，这一点对于复合驱表面活性剂评价至关重要。

一、临界胶束浓度（CMC）

几乎在最初开始研究表面活性剂溶液（实际是肥皂溶液）的性质时，人们就已经认识到其体相性质不同寻常，指示溶液中存在胶体粒子。

将 Na^+R^- 型阴离子表面活性剂溶液的当量电导率对当量浓度的平方根作图，所得曲线并不像同类型普通离子电解质的电导率曲线那样平滑下降，而是在低浓度区出现一个明显的转折点（图 1-16）。该转折点以及溶液电导率的急剧降低，表明溶液中单位电荷物质的质量快速增长，这被解释为在转折点表面活性剂由非缔合分子聚集成胶束的证据，而胶束上的部分电荷被胶束结合的反离子中和了。

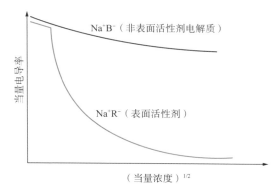

图 1-16　Na^+R^- 类表面活性剂水溶液的当量电导率随（当量浓度）$^{1/2}$ 的变化
当量浓度是早期文献中使用的一种浓度单位，与物质的量浓度相关

似乎只有在那些具有两个或两个以上氢键中心因而能形成三维氢键网的极性溶剂中才能形成胶束。在非极性溶剂中，表面活性剂可能形成团簇，但其尺寸一般并非胶体大小，并且其行为不同于水溶液中的胶束。出现这一现象的浓度称为临界胶束浓度（CMC）。几乎所有的表面活性剂，如非离子、阴离子、阳离子和两性离子表面活性剂等，在水介质中，其可测量的与溶液中粒子的大小和数量有关的物理性质，如溶剂不溶物的增溶以及表面或界面张力降低等，都会出现类似的转折点。

可以利用溶液的很多物理性质来测定 CMC 值，但最常用的方法是通过电导率、表面张力、光散射、荧光光谱等与浓度曲线上的转折点来确定 CMC 值。CMC 值也常常利用加入表面活性溶液中的染料的光谱性质在 CMC 前后的变化来确定。然而，该方法可能有严重的缺陷，即染料的存在可能影响 CMC 值。在 Mukerjee 和 Mysel（1971）编写的关于水溶液中 CMC 的汇集中，包含了对各种 CMC 测定方法的严格评价。

基于涉及这些现象的大量数据，一幅有关胶束化过程和胶束结构的图像逐渐呈现在人们眼前。当溶质溶解在水中时，溶质分子中所含的疏水基改变了水的结构，从而使体系的自由能增加。于是它们富集到溶液表面，将疏水基部分伸向溶剂之外，使溶液的自由能降低。然而，在这些体系中还有另一种方法可以降低体系的自由能，即通过使具有表面活性的分子在溶液中聚集成团簇（胶束），以疏水基伸向聚集体的内部，而亲水基朝向溶剂，从而减少溶剂结构的变形（降低溶液的自由能）。胶束化过程是吸附之外的能使得疏水基不与溶剂水接触，从而降低体系自由能的另一个机理。当疏水基几乎不能引起溶剂的结构改变时（如水中表面活性剂分子的疏水基非常短），胶束化趋势几乎不存在，非水溶剂中即属于这种情况，因此，在非水溶剂中很难发现尺寸与水相胶束相当的胶束。

虽然疏水基离开与水的接触可以降低体系的自由能，但由于受到胶束的限制，以及对离子型表面活性剂受到胶束中表面活性剂分子同种电荷的静电排斥作用，表面活性剂分子在从溶液转移到胶束这一过程中有一定的自由度损失。这些作用力使体系的自由能增加，因此是对抗胶束形成的。对特定的体系，胶束化过程是否发生，以及如果发生在什么浓度下发生，取决于促进和阻碍胶束化过程的因素间的平衡。

二、胶束的结构和形状

1. 堆积参数

在水溶液中形成的胶束，其形状在决定表面活性剂溶液的各种性质，如溶液的黏度、表面活性剂对水不溶物质的增溶以及表面活性剂的浊点等方面是非常重要的。

目前发现的胶束形状主要包括：（1）相对较小的球形结构（聚集数 <100）；（2）两端为半球状的拉长的圆柱形棒状结构（扁长椭圆体）；（3）大而平的层状结构（圆盘状伸展的扁球体）；（4）囊泡，即由双层层状胶束排列成近乎同心球状形成的近乎球状的结构。

表面活性剂分子在水溶液中是定向排列的，在上述所有的胶束结构中，表面活性剂的极性头基主要朝向水，疏水基则脱离水相。在囊泡中，胶束内部还包含一个水相。在离子型胶束中，水—胶束界面区包含离子头基、带有束缚反离子的双电层的 Stern 层（一部分反离子由于电性吸引或非电性的特性吸引作用而和表面紧密结合构成的吸附层）以及水。其余的反离子位于进一步延伸到水相的双电层的 Gouy–Chapman（双电层中的扩散层）部分。

包含疏水基的胶束内区，其半径约等于完全伸展的疏水基链长。水相被认为能穿透进胶束，越过亲水的头基，疏水链上靠近亲水基的几个亚甲基通常被认为处于水化层内。在非极性溶剂中，胶束结构类似但相反：亲水头基构成了胶束的内核，被疏水基和非极性溶剂环绕。在胶束内核，偶极相互作用使亲水的头基聚集在一起。

改变温度、表面活性剂浓度、水相添加剂以及表面活性剂的结构基团等都可能导致胶束大小、形状和聚集数的改变，其中胶束结构可能从球状变成棒状或盘状，再变成层状。

根据各种胶束的几何形状和表面活性剂分子中的亲水基和疏水基所占据的空间，Israelachvili、Mitchell 和 Ninham 等已经提出了一个胶束结构理论。即用疏水基在胶束内核占有的体积 V_H，内核中疏水基的长度 l_c，以及紧密排列时亲水基在胶束/溶液界面的截面积 a_0 来计算"堆积参数" $V_H/(l_c a_0)$，而该参数决定了胶束的形状（表 1–1）。

表 1–1　胶束结构理论

$V_H/(l_c a_0)$ 值	胶束结构	$V_H/(l_c a_0)$ 值	胶束结构
0~1/3	水介质中，球状胶束	1/2~1	水介质中，层状胶束
1/3~1/2	水介质中，棒状胶束	> 1	非水介质中，反（颠倒的）胶束

2. 表面活性剂的结构和胶束形状

Tanford 提出：$V_H = 27.4 + 26.9n \text{Å}^3$（$n$ 为插入胶束内核的疏水链上的碳原子数，等于疏水链上的总碳原子数或少一个）；$l_c \leq 1.5+1.265n$Å，取决于疏水链的伸展程度。对于饱和的直链，l_c 约等于完全伸展的碳链长度的 80%。碳氢化合物在胶束内部的增溶可使 V_H 值增大。

a_0 值的大小不仅取决于亲水性头基的结构，而且会随溶液中电解质含量、温度、pH 值以及溶液中是否存在添加剂而变化。添加剂，如增溶在头基附近的中等链长的醇类能导致 a_0 值增大。对离子型表面活性剂，a_0 值会随溶液中电解质含量增加而减小，因为双电层受到压缩，同时 a_0 值还随溶液中表面活性剂浓度的增加而减小，因为溶液中的反离子浓度也增加了。这种 a_0 值的减小能够促使胶束的形状从球状转变为棒状。对聚氧乙烯（POE）类非离子表面活性剂，如果升温引起 POE 链脱水，则升温会引起胶束形状的改变。

一些离子性表面活性剂在水溶液中会形成长的、蠕虫状胶束，尤其是当溶液中含有电解质或其他能降低离子头基间静电排斥作用的添加剂时。这些巨大的蠕虫状胶束会导致溶液的黏弹性急剧增加，因为在溶液中它们会相互缠绕。

当堆积参数 $V_H/(l_c a_0)$ 值接近于 1 时，表面活性剂或是在水相中形成正常的层状胶束，或是在非水介质中形成反胶束。如果该参数值变得越来越大于 1，则在非极性介质中的反胶束趋向于变得越来越对称，形状上更接近球形。

在水介质中，疏水基细长、头基较大或排列松散的表面活性剂趋向于形成球状胶束，而那些疏水基较大、头基较小或排列紧密的表面活性剂则趋向于形成层状或棒状胶束。

含有两个长烷基链的表面活性剂，通过超声作用可以在水介质中形成囊泡（图 1–17）。因此，蔗糖脂肪酸酯，特别是二酯经过超声作用即形成囊泡。由于囊泡是弯曲的封闭双层结构，因此，其形成需要严格的几何及柔性条件。堆积参数 $V_H/(l_c a_0)$ 值必须接近于 1。然而分子中必须要有某种结构能防止疏水基紧密排列，否则柔性需求就达不到。既然疏水基不能紧密排列，为了使堆积参数 $V_H/(l_c a_0)$ 值接近于 1，则亲水的头基也必须不能排列得过于紧密。短链的 POE 醇类和具有短 POE 链的全氟醇能形成囊泡；十六烷基三甲基对甲苯磺酸盐与十二烷基苯磺酸钠复配能形成囊泡，但与十二烷基硫酸钠复配则不能形成囊泡。一种解释是十二烷基硫酸钠中的硫酸盐头基与三甲基季铵盐之间排列得过于紧密，导致不能形成囊泡，而苯磺酸盐基团与三甲基季铵盐之间排列则较为松散。十二烷基二甲基溴化铵与十二烷基三甲基氯化铵的混合物能自发形成囊泡，这种自发行为被归结于两种表面活性剂具有不同的分子堆积参数。胶束的形状可能因胶束中存在增溶物而改变，也可能随分子环境因素而改变。

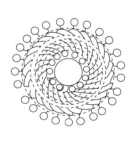

水（或水溶液）

（a）单层结构

（b）多层结构

图 1–17 囊泡

三、影响水溶液中 CMC 值的因素

由于当胶束开始形成时表面活性剂溶液的性质发生了显著变化，许多研究者都十分关注不同体系中 CMC 值的测定，并且已经进行了大量的工作以阐明可能影响 CMC 值的各种因素，已知的能够影响水溶液中表面活性剂的 CMC 的因素有：（1）表面活性剂的结构；（2）溶液中存在添加的电解质；（3）溶液中存在的有机物；（4）存在第二液相；（5）溶液的温度。

1. 表面活性剂的结构

一般来说，水溶液中的 CMC 随表面活性剂疏水性的增强而减小。

（1）疏水基团。

在水介质中，CMC 随疏水链上碳原子数的增加而减小，直至碳原子数达到 16，而对离子性表面活性剂有一个一般规则，即对亲水基位于直链烷基末端的表面活性剂，直链疏水基上每增加一个亚甲基，CMC 值将减半。对非离子和两性表面活性剂，CMC 随烷基链长的增大而减小的程度要更大一些，每增加两个亚甲基，CMC 会减小到原值的 1/10（相当于离子表面活性剂的 CMC 值减至 1/4）。在亲水基处于末端的疏水链上每加一个苯环相当于增加 3.5 个亚甲基。但当直链疏水基的碳原子数超过 16 时，CMC 随链长增长而降低的速度减慢，当链长超过 18 个碳原子时，随着链长的进一步增加 CMC 基本保持不变，这可能是由于这些长链在水中发生了卷曲所致。

当疏水基含支链时，支链碳原子对 CMC 的影响只有直链碳原子的 1/2。当疏水链上含有碳碳双键时，其 CMC 通常要比相应的饱和化合物的大，而顺式异构体的 CMC 要较反式的大。这可能是由胶束形成过程中的空间因素造成的。含大的疏水基或亲水基的表面活性剂的 CMC 较结构相似但基团较小的表面活性剂的 CMC 值要大，原因可能是大的疏水基团较难插入球状或棒状胶束的内部。

疏水链上引入极性基团，如醚氧（—O—）或羟基（—OH）一般会使室温下水介质中的 CMC 明显增大，与极性基团不存在时相比，处于极性基团与亲水头基之间的碳原子对 CMC 的影响会降低一半。当极性基团与亲水基团都连接在同一个碳原子上时，该碳原子对 CMC 值没有影响。

对 POE 聚氧丙烯嵌段共聚物，当分子中的 EO 数相同时，CMC 随环氧丙烷数的增多而明显降低。当碳原子数不变时，将碳氢疏水链换成碳氟疏水链似乎使得 CMC 下降。与此相反，将碳氢疏水链末端的甲基换成三氟甲基时，发现 CMC 增大。对 12，12，12-三氟癸基三甲基溴化铵和 10，10，10-三氟癸基三甲基溴化铵，CMC 是相应的无氟化合物的 2 倍。

（2）亲水基团。

在水介质中，离子型表面活性剂的 CMC 比含有相同疏水基的非离子型表面活性剂要高得多。含 C_{12} 直链烷基的离子型表面活性剂的 CMC 约为 1×10^{-2} mol/L，而含有相同疏水基的非离子表面活性剂的 CMC 则为 1×10^{-4} mol/L。两性表面活性剂的 CMC 略小于疏水链碳原子数相同的离子型表面活性剂。

当亲水基从表面活性剂疏水链的末端移到中间位置时，CMC 会增大。这里疏水基好像在亲水基连接的位置发生了支链化，其中较短的一个链上的碳原子对 CMC 的

影响只有原来的一半。这也可能是前面提到的胶束形成过程中空间位阻效应的另一个例子。

当亲水基上的电荷越靠近烷烃链上的 α- 碳原子时，CMC 越高。这被解释为胶束化过程中离子头基从水相转移到胶束非极性内核附近时，表面活性离子自身的静电势能增加了；将一个电荷转移到介电常数更低的介质附近时需要做功。对一些含有正构烷基的离子型表面活性剂，CMC 降低的顺序为：铵盐 > 羧酸盐（分子中多一个碳原子）> 磺酸盐 > 硫酸盐。

与预期的一样，含有一个以上亲水基的表面活性剂的 CMC 值要大于仅含一个亲水基而疏水基相当的表面活性剂的 CMC 值。

在季铵盐阳离子表面活性剂中，吡啶类化合物的 CMC 要小于相应的三甲基化合物。原因可能在于，相对于四面体的三甲铵盐基团，平面的吡啶盐基团更易排列到胶束内部。对 $C_{12}H_{25}N^+（R）_3Br^-$ 系列化合物，CMC 随 R 长度的增加而减小，这可能是分子的疏水性增强所致。

对常规的聚氧乙烯类非离子型表面活性剂，水介质中的 CMC 随聚氧乙烯链中 EO 单元数的增多而增大。然而，一个 EO 单元引起的 CMC 的变化比疏水链上一个亚甲基引起的变化要小得多。当 POE 链较短且疏水链很长时，每个 EO 单元对 CMC 的影响可能达到最大。商品 POE 类非离子表面活性剂是一系列同系物的混合物，它们的亲水基具有不同的 EO 单元数，总体上具有一个平均 EO 数，其 CMC 值略小于那些含有相同疏水基、EO 数与其平均值相等的单一化合物的 CMC 值。这可能是由于商品表面活性剂中低 EO 含量的组分对 CMC 的降低作用要强于 EO 含量高的组分对 CMC 的提升作用。聚氧乙烯脂肪酰胺的 CMC 较相应的聚氧乙烯脂肪醇的 CMC 要小，原因可能是其头基间形成了氢键，尽管其亲水性较强。

当 POE 非离子表面活性剂的疏水基为油基、9，10- 二溴、9，10- 二氯或 9，10- 二羟基硬脂酰基时，CMC 随分子中 EO 数的增多而下降。这可能是因为这些分子中的疏水基团较大，导致其在胶束中近乎平行排列，类似于在平的液 — 气界面的排列。在这种界面上，引入一个 EO 基团使得分子的疏水性略微增加，当表面活性分子在胶束中按类似的方式近乎平行排列时，这样一个疏水性增强会导致 CMC 降低。

对聚氧丙烯聚氧乙烯嵌段共聚物类非离子表面活性剂，当分子中的聚氧丙烯（PO）数固定时，CMC 随 EO 数增多而增大。当聚氧乙烯 / 聚氧丙烯比不变时，表面活性剂的分子量增加，CMC 降低。

（3）离子型表面活性剂的反离子和反离子结合度。

水溶液中，离子型表面活性剂的电导率 κ 随浓度 c 的变化呈线性关系，在 CMC 处出现一个拐点，CMC 以上直线的斜率减小（图 1-18）。图 1-18 中拐点的出现是由于一些离子型表面活性剂的反离子被束缚于胶束所致，从 CMC 上下两条直线的斜率之比 S_2/S_1 可以得到 CMC 附件胶束的电离度 α。对单头基离子型表面活性剂分子，反离子在胶束上的结合度为（$1-\alpha$）。

反离子的水合半径越大结合度则越低，因此，有 $NH_4^+ > K^+ > Na^+ > Li^+$，以及 $I^- > Br^- > Cl^-$。

对多个系列的阳离子表面活性剂，结合度（或电离度）与离子胶束中每个头基所占的表面积 a_m^s 有关，结合度随头基表面积 a_m^s 的减小（即表面电荷密度增加）而增大。

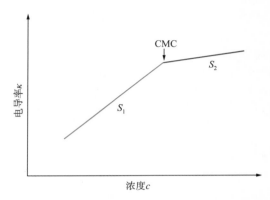

图 1–18　水溶液中电导率与表面活性剂浓度的关系

CMC 前后直线的斜率从 S_1 变为 S_2

　　反离子结合度还会随短链醇在胶束栅栏层中的增溶而降低，但辛烷的增溶，由于发生在胶束的内核则不会影响反离子的结合度。这可能是因为在栅栏层中的增溶增大了离子头基的表面积，而在胶束内核的增溶则不会。反离子结合度还会因在水中加入尿素而下降，因为尿素分子代替了界面的水分子。反离子结合度会随着溶液中电解质含量的增加而增加以及随表面活性剂浓度增加致使胶束变大而增大，可能是因为上述两种行为都伴随了离子头基面积的减小。与反离子结合度较低的离子胶束相比，反离子结合度高的离子胶束非离子性更强，水溶性变差，在水溶液中更易于形成非球形胶束并表现出黏弹性。

　　对甜菜碱和磺基甜菜碱型两性表面活性剂，反离子 Na^+ 和 Cl^- 在胶束上的结合要到浓度远大于 CMC 时才会发生，因此不会影响 CMC 值大小。Cl^- 的结合度通常大于 Na^+ 的结合度。

　　对特定的表面活性剂来说，水溶液中的 CMC 反映了反离子与胶束的结合度大小。水溶液体系中，反离子结合度增大会导致表面活性剂的 CMC 减小。反离子结合的程度还随反离子电荷的极化度增加而增加，随反离子水合半径的增大而减小。因此，在水溶液中，对十二烷基硫酸盐阴离子，CMC 减小的顺序为：$Li^+ > Na^+ > K^+ > Cs^+ > N(CH_3)_4^+ > N(C_2H_5)_4^+ > Ca^{2+}$、$Mg^{2+}$，这与阳离子结合度增加的顺序一致。从 Li^+ 变到 K^+，CMC 降低的程度较小，但对于其他反离子，CMC 降低的程度则很大。当反离子是伯胺系列的阳离子 RNH_3^+ 时，CMC 随着氨基链长的增长而减小。对十二烷基三甲基铵盐和十二烷基吡啶盐类阳离子，水溶液中 CMC 降低的顺序为：$F^- > Cl^- > Br^- > I^-$，这与阴离子结合度增加的顺序一致。

　　另外，比较不同结构类型的表面活性剂时，CMC 值并不总是随反离子结合度的减小而增大。因此，对 $RN^+(CH_3)_3Br$ 系列表面活性剂，虽然随着 R 长度的增加，反离子结合度增加，CMC 降低，但 CMC 降低的主要原因是烷烃链长的增长导致了表面活性剂疏水性的增加，而因为头基面积 a_m^s 的减小导致的 CMC 降低仅是次要的。对 $C_{12}H_{25}N^+(CH_3)_2(R')Br^-$ 和 $C_9H_{19}CH(R')SO_3^-Na^+$ 系列也可以观察到上述现象。这里，虽然反离子的结合度随烷基 R′ 链长的增加而减小，但 CMC 的减小主要源于烷基 R′ 链长的增加导致的表面活性剂疏水性的增加。

　　（4）经验方程。

　　关于 CMC 和表面活性物质的各种结构单元之间的关系，研究者们已经提出了一些经验方程。例如，对直链离子型表面活性剂同系物，水溶液中 CMC 与疏水链中碳原子数 N 的关系具有下列形式：

$$lgCMC=A-BN \tag{1-48}$$

其中，A 对特定的离子头基在一定温度下为常数，B 对以上提及的离子型表面活性剂也为常数，35℃下约为 0.3（=lg2）。很显然，这一公式与前面提到的疏水链中每增加一个碳原子 CMC 值减小一半的基本规则是一致的。非离子表面活性剂和两性表面活性剂也服从上述关系式，但 $B≈0.5$，这与疏水链中每增加两个亚甲基，CMC 降低 10 倍的规律相吻合。

2. 电解质

水溶液中，电解质的存在会引起 CMC 的变化，其中对阴离子或阳离子表面活性剂的影响要明显大于对两性表面活性剂的影响，而对两性表面活性剂的影响又要明显大于对非离子表面活性剂的影响。实验数据表明，对前两种表面活性剂，电解质浓度的影响可由下式给出：

$$lgCMC = -algc_i+b \tag{1-49}$$

其中，a 和 b 对特定的离子头基在一定温度下为常数，c_i 为反离子的总浓度，单位为当量/L。这里导致 CMC 降低的主要原因是在外加电解质存在下，环绕表面活性剂离子头的离子氛厚度减小，从而降低了胶束中离子头基之间的静电排斥作用。对于月桂酸钠和环烷酸钠，阴离子降低 CMC 的效能顺序为：$PO_4^{3-}>B_4O_7^{2-}>OH^->CO_3^{2-}>HCO_3^->SO_4^{2-}>NO_3^->Cl^-$。

对非离子和两性表面活性剂，上述关系式不适用，而下式能更好地描述电解质对它们的 CMC 的影响：

$$lgCMC = -Kc_s + 常数（c_s < 1） \tag{1-50}$$

其中，K 对于特定的表面活性剂、电解质和温度为常数，而 c_s 是电解质的浓度，单位为 mol/L。对烷基甜菜碱系列，K 值随疏水链长度和电解质中阴离子电荷的增加而增加。

对非离子和两性表面活性剂，加入电解质导致 CMC 发生变化的原因被认为主要是水溶液中电解质对表面活性剂疏水基的"盐析"或"盐溶"效应，而不是电解质对表面活性剂亲水基的作用。发生盐溶效应还是盐析效应，取决于加入的离子是水结构破坏剂还是水结构促进剂。具有较大的电荷/半径比的离子（如 F^-）是高度水化的，因而是水结构促进剂，它们对表面活性剂单体的疏水基团有盐析作用，因而能使 CMC 降低。具有较小电荷/半径比的离子（如 CNS^-）是水结构破坏剂，它们对表面活性剂单体的疏水基团有盐溶作用，因而会使 CMC 增大。电解质的总影响近似地等于其对与水相接触的溶质分子各部分的影响的加和。无论表面活性剂以单体形式还是胶束形式存在，其亲水基都与水相接触，但其疏水基仅在以单体形式存在时才与水相接触。因此，电解质对以单体和胶束形式存在的表面活性剂的亲水基的影响可以相互抵消，而以单体形成存在的表面活性剂的疏水基最有可能受到加入水中的电解质的影响。

电解质中的阴离子和阳离子对 CMC 的影响是叠加的。对阴离子，其对 POE 非离子表面活性剂 CMC 的影响似乎取决于电荷/半径比（水结构）效应。因此，阴离子降低 CMC 效能的顺序为：$(1/2)SO_4^{2-} > F^- > BrO_3^- > Cl^- > Br^- > NO_3^- > I^- > CNS^-$。对阳离子，顺序则为：$NH_4^+ > K^+ > Na^+ > Li^+ > (1/2)Ca^{2+}$。产生这一顺序的原因还不清楚。电解质对正－十二烷基麦芽糖苷 CMC 的影响也有类似的阴离子和阳离子效应。

关于电解质对高分子量的 POE 非离子表面活性剂 CMC 影响，研究表明，CMC 下降的顺序为：$Na_3PO_4 > Na_2SO_4 > NaCl$。而加入 NaSCN 可增加表面活性剂的 CMC，与其是水结构破坏剂相一致。

四烷基铵阳离子能增加 POE 非离子表面活性剂的 CMC，增加的效能顺序为：$(C_3H_7)_4N^+ > (C_2H_5)_4N^+ > (CH_3)_4N^+$。这也是它们作为水结构破坏剂的效能顺序。

3. 有机添加剂

少量有机物可能引起水介质中 CMC 的显著变化。由于有些有机物是合成表面活性剂过程中的杂质或副产物，它们的存在可能使名义上相同的商品表面活性剂的性质显著不同。因此，研究有机物质对表面活性剂 CMC 的影响，无论在理论上还是在实践上都是非常重要的。

为了理解有机物对 CMC 产生的具体影响，有必要区分能显著影响水溶液中表面活性剂 CMC 的两种类型的有机物：第 I 类物质通过参与构筑胶束而影响 CMC；第 II 类物质则是通过改变溶剂 — 胶束或溶剂 — 表面活性剂间的相互作用来影响 CMC。

（1）第 I 类物质，这类物质基本上都是极性有机物，如醇类和酰胺类。相对于第 II 类物质，这类物质在较低的液相浓度下就能影响 CMC。这类物质中的水溶性化合物在低浓度区表现为第 I 类物质，而在高浓度区则又表现为第 II 类物质。

第 I 类物质使溶液的 CMC 降低。该类物质中的短链成分可能主要吸附在靠近水 — 胶束"界面"的胶束外部。长链成分则可能主要吸附在表面活性剂胶束内核的外部，处于表面活性剂分子之间。添加物的这种吸附方式降低了胶束化作用所需要的功，对离子型表面活性剂而言可能是降低了胶束中离子头之间的排斥作用。

这类物质中，直链化合物降低 CMC 的程度要大于支链化合物，并且随疏水基链长增加而增加，直至与表面活性剂的疏水基链长相近时达到最大。对这些现象的一个解释是，那些降低 CMC 最有效的分子被增溶在胶束内核，在那里它们受到侧向压力的作用，趋向于进入胶核内部。而这种压力随分子横截面积的增加而增加。直链分子较支链分子具有更小的横截面积，更易留在核外部，因此比被压进核内部的支链分子更能降低 CMC。另一个原因是，当添加物具有直链结构而不是支链结构时，其疏水基与表面活性剂的疏水基有更强的相互作用。这一因素也使直链分子相对于支链分子更趋向于保持在胶束的外部。这也解释了当添加物的疏水基与组成胶束的表面活性剂的疏水基链长相近时对 CMC 所产生的较大影响，因为在这一条件下，添加物的疏水基与表面活性剂的疏水基之间的相互作用达到了最大。

当添加物的末端极性基团中含有一个以上能与水形成氢键的基团时，其降低溶液 CMC 的效应大于那些只含有一个能与水形成氢键的基团的添加物。对这一现象的解释是：添加物的极性基团与水分子间形成的氢键有助于平衡侧向压力，而后者趋向于将添加物推向胶束的内部。因此，相对于只含有一个能与水形成氢键的基团的添加物，含有一个以上能与水形成氢键的基团的添加物保留在胶核外部的比例将更高，因而能将 CMC 降得更低。

与极性化合物能渗入胶核内部导致 CMC 微小下降相类似，增溶在胶束内核的烃类化合物也仅能使溶液的 CMC 略微降低。极短链化合物（如二氧六环和乙醇）在低体相浓度下也使 CMC 降低，但影响也很小。这些化合物可能主要吸附在靠近亲水基的胶束表面。

（2）第Ⅱ类物质也能改变CMC，但发挥作用作所需要的体相浓度较第Ⅰ类物质要高得多。这类物质通过改变水与表面活性剂分子或者水与胶束之间的相互作用来改变CMC，具体途径是通过改变水的结构、水的介电常数或者水的溶解度参数（内聚能密度）来实现。这类物质包括尿素、甲酰胺、甲基乙酰胺、胍盐、短链醇、水溶性酯类、二氧六环、乙二醇以及其他多羟基醇类（如果糖和木糖）等。

尿素、甲酰胺、胍盐能增加表面活性剂，尤其是乙氧基化非离子表面活性剂在水溶液中的CMC。原因在于它们对水的结构具有破坏作用，由此增加了亲水基的水合程度，而亲水基的水合作用是阻碍胶束化的，因而引起CMC升高。这些水结构破坏剂还可能通过降低胶束化过程中的熵效应进而增加CMC。在水相中，当表面活性剂溶解时，其疏水基被认为会形成某种结构，而如果通过胶束化使这种结构从水中消失则将导致体系的熵值增加，而体系的熵值增加有利于胶束化。水相中水结构破坏剂的存在可能破坏由溶解的表面活性剂疏水基所产生的水结构，从而降低胶束化过程中的熵变。因为有助于胶束化的熵值增加被降低，表面活性剂需要在更高的浓度下才能形成胶束，即CMC值升高。

对水结构具有促进作用的物质，如木糖和果糖由于类似的原因而降低表面活性剂的CMC值。

尿素对离子型表面活性剂CMC的作用不大但很复杂。尽管添加尿素使$C_{12}H_{25}SO_4^-Li^+$和$C_{14}H_{29}SO_4^-N^+H_2(C_2H_5)_2$的CMC值增加，但却会使$C_8F_{17}SO_4^-Li^+$和$C_8F_{17}COO^-Li^+$的CMC有略微下降。一种解释是，尿素可能取代了亲水基周围的水分子而直接与表面活性剂分子发生作用。

二氧六环、乙二醇、水溶性酯类以及短链醇类在高体相浓度下可以增加溶液的CMC，原因在于它们降低了水的内聚能密度或溶解度参数，因此增加了单体的溶解度，导致CMC升高。另一种有关这些化合物对离子型表面活性剂的影响的解释是，它们降低了水相的介电常数，这将引起胶束中离子头间的相互排斥作用增加，于是抑制胶束的形成，使CMC增加。

4. 第二个液相的存在

当体系中存在不能显著溶解表面活性剂的第二个液相，并且该液相本身在水相中也不能显著溶解，或者仅能被增溶于胶束的内核（即饱和脂肪烃）时，则表面活性剂在水相中的CMC变化很小。但如果这个烃是短链的不饱和烃或者芳烃，则表面活性剂的CMC要比在空气中时明显减小，并且烃的极性越大，CMC降低得越多。可能的原因是，部分这类第二液相会吸附到表面活性剂胶束的外部，其作用类似于第Ⅰ类有机物。另一方面，极性更大的乙酸乙酯可略微增加十二烷基硫酸钠的CMC，据推测要么是其水中具有明显的溶解度从而增加了溶解度参数，导致表面活性剂的CMC增加，要么是表面活性剂在乙酸乙酯中有很好的溶解度，因此降低了其在水相中的浓度，使得CMC增大。

5. 温度

温度对水溶液中表面活性剂CMC的影响比较复杂，CMC值一般会随着温度的升高而降低，达到一个最小值后再随温度的升高而增大。温度升高降低了亲水基的水化作用，这是有利于胶束化的。然而，温度升高同时也会引起疏水基团周围水结构的破坏，而这一效应是抑制胶束化的。因此，这两个相反因素的相对大小决定了CMC在一个特定的温度区间内是增大还是减小。从已知的数据来看，离子型表面活性剂的 CMC—温度曲线上的最低点出现在 25℃左右，而非离子型表面活性剂则出现在 50℃左右。对烷基硫酸二价金属盐，CMC 实际上与温度无关。温度对两性表面活性剂 CMC 影响的数据不多，有限的数据表明，在 6~60℃范围内，烷基甜菜碱的 CMC 随温度的升高逐渐降低。还没有数据表明温度的进一步升高会引起 CMC 增大。

四、临界胶束浓度（CMC）测定方法

理论上，凡是因胶束形成而发生不连续变化的性质都可以用来测定 CMC，需要注意的是，这些性质有的是对单体浓度敏感，如表（界）面张力、去污力等，有的则是对胶束敏感，如光散射、增溶等。因此，对同一个表面活性剂，用不同的方法测得的 CMC 数值有微小差异是正常的，常见的 CMC 测定方法如下。

（1）电导法。对离子型表面活性剂，在水溶液中单体通常是电离的，因此，其电导率与普通无机电解质类似，但形成胶束后，部分反离子因胶束表面双电层的作用而被束缚于紧密层，致使胶束的净电荷数远小于聚集数，因此导电效率下降，电导率随浓度增加的曲线出现拐点，从拐点即可求出 CMC，如图 1-19（a）所示。也可以摩尔电导率对浓度作图求取 CMC。电导法只适用于离子型表面活性剂，尤其只对表面活性较高的单一离子型表面活性剂有较高的灵敏度，对低表面活性的离子该法灵敏度较差。此外，当有外加无机电解质存在时该法的灵敏度大大降低。

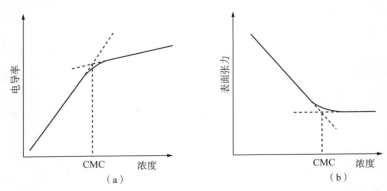

图 1-19　电导法和表面张力法测定表面活性剂的临界胶束浓度

（2）表面张力法。溶液的表面张力主要取决于溶液中表面活性剂单体的浓度。当有胶束形成后，单体浓度几乎不变，所以表面张力对浓度作图会出现明显的转折。通常浓度取对数坐标，所得曲线称为 $\gamma-\lg c$ 曲线，由曲线上的拐点即可求出 CMC。当拐点不很明显时，可将拐点两边的直线部分延长，由交点求出 CMC［图 1-19（b）］。表面张力法对各种类型的表面活性剂都具有相似的灵敏度，不受表面活性高低或外加电解质的影响，因此是测定 CMC 的最经典方法。

（3）光散射法。当表面活性剂溶液浓度低于 CMC 时，表面活性剂以单体形式存在，溶液不具有光散射性质。当浓度超过 CMC 时，由于胶束的出现，溶液能够产生散射光，且散射光的强度与胶束的数量呈正相关性，因此，以散射光的强度对浓度作图可得到突变点，该点所对应的浓度即为 CMC。

第四节 表面活性剂界面吸附作用

溶液分子在液体表面出现与体相浓度差异的现象,称为吸附作用,在表面的浓度高于体相,称为正吸附。反之,称为负吸附。一般在实际应用时"吸附"是指组分在界面上的富集,即正吸附。吸附作用可以发生在气—液、液—液、气—固和液—固等界面上。例如,天然气分子、原油和地层水中各相离子在油藏岩石矿物上的吸附,对于油藏的生成、石油的开采和采收率的提高等都具有重要的意义;表面活性剂在溶液表(界)面和液—固界面的吸附对于表面活性剂的实际应用具有重要意义。诸如润湿、铺展、表(界)面张力降低、乳化与破乳、发泡与消泡、毛细管现象等都涉及有关组分在表(界)面上的吸附理论和相关研究方法。表面活性剂分子的结构特点决定了水溶液中表面活性剂分子的烷烃极化分子在界面上定向排列,其亲水基团指向水相,疏水基团指向油相,表面活性剂分子在界面的定向排列便产生了界面与体相中的浓度差,这种现象称为表面过剩。

一、Gibbs 划分面和表面过剩

对纯溶剂,表面层的分子与体相分子相比受到不对称的引力作用,因而具有过剩自由能,导致了表面张力。那么当溶质存在时,溶质分子在表面相和体相是否是均匀分布的,溶液表面张力的上升或下降与溶质的存在及其分布是否相关,Gibbs 运用表面热力学解决了这一问题。

可以想象,一个溶液(例如水溶液)与另一个不相混溶的体相(例如空气或油)相接触时所形成的分界面是一个界限不十分清楚的薄层,此薄层可能具有一两个甚至几个分子大小的厚度,更重要的是,此薄层的组成和性质与界面两边的体相可能有很大差异。这一薄层称为界面相,当另一相为气体时,则称为表面相。于是实际相界面如图 1–20 所示:两个不同的流体相 α 相和 β 相彼此接触,两相的接触区域 $BB'AA'$ 构成界面相。显然,讨论溶质在各相的分布需要确定界面相的厚度,而这是一件十分困难的事。为了解决这一难题,Gibbs 提出了一个理想化相界面体系,如图 1–21 所示,即 α 相和 β 相被一个厚度为零的几何平面 GG' 面隔开。

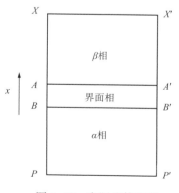

图 1–20 实际流体界面

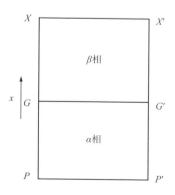

图 1–21 理想化流体界面

设实际体系的 α 相和 β 相中第 i 种组分的浓度分别为 c_i^α 和 c_i^β。由于 c_i^α 通常不等于 c_i^β，即组分 i 的浓度在界面相 $BB'AA'$ 区域必须从 c_i^α 过渡到 c_i^β，显然界面相中沿 x 方向 i 组分的浓度是不均匀的。Gibbs 提出，采用理想化体系，假定 α 相和 β 相中各组分的浓度直至分界面 GG' 保持不变，即 i 组分的浓度分别为 c_i^α 和 c_i^β。以 n_i^α 和 n_i^β 分别代表理想化体系 α 相和 β 相中第 i 种组分的总摩尔数，以 n_i^t 代表实际体系中第 i 组分的总摩尔数，于是 Gibbs 表面过剩 n_i^x 可用下式定义：

$$n_i^x = n_i^t - (n_i^\alpha + n_i^\beta) \tag{1-51}$$

若界面面积为 A，则：

$$\Gamma_i^x = n_i^x / A \tag{1-52}$$

Γ_i^x 称为单位面积上第 i 组分的 Gibbs 表面过剩，也称"吸附量"，通常以 $\mathrm{mol \cdot cm^2}$ 为单位。由于 c_i^α 通常不等于 c_i^β，因此，对给定的实际体系（n_i^t 保持不变），$n_i^\alpha + n_i^\beta$ 取决于划分面 GG' 面的位置，当其沿 x 轴方向移动时，将给出不同的数值，即可小于、等于或大于 n_i^t，相应的 Gibbs 表面过剩 n_i^x 可为正、零或负值。

二、界面热力学和 Gibbs 吸附等温式

对实际体系，当内能发生微小、可逆变化时有：

$$dU^t = TdS^t - (p^\alpha dV^\alpha + p^\beta dV^\beta) + \gamma dA + \sum \mu_i dn_i^t \tag{1-53}$$

其中，V^α 和 V^β 分别为 α 相和 β 相的体积，p^α 和 p^β 分别为两相的压力，γ 为界面张力，μ_i 为 i 组分的化学势。因为界面相的厚度为零，所以 $V^t = V^\alpha + V^\beta$。若界面是平的，则基于机械平衡有 $p^\alpha = p^\beta = p$，且 $p^\alpha dV^\alpha + p^\beta dV^\beta = pdV$，这里 p 为体系的压力。对理想化体系，类似地有：

$$dU^\alpha = TdS^\alpha - p^\alpha dV^\alpha + \sum \mu_i^\alpha dn_i^\alpha \tag{1-54}$$

$$dU^\beta = TdS^\beta - p^\beta dV^\beta + \sum \mu_i^\beta dn_i^\beta \tag{1-55}$$

将式（1-54）和式（1-55）代入式（1-53）得：

$$dU^t - dU^\alpha - dU^\beta = Td(S^t - S^\alpha - S^\beta) + \gamma dA + \sum \mu_i d(n_i^t - n_i^\alpha - n_i^\beta) \tag{1-56}$$

或

$$dU^x = TdS^x + \gamma dA + \sum \mu_i dn_i^x \tag{1-57}$$

保持 T、γ、μ_i 不变，积分式（1-57）得：

$$U^x = TS^x + \gamma A + \sum \mu_i (n_i^x) \tag{1-58}$$

对式（1-58）全微分得：

$$dU^x = TdS^x + \gamma dA + \sum \mu_i dn_i^x + S^x dT + Ad\gamma + \sum n_i^x d\mu_i \tag{1-59}$$

$$-Ad\gamma = dT + \sum n_i^x d\mu_i \tag{1-60}$$

令 S_σ^x 为单位面积上的过剩熵（$S_\sigma^x = S_i^x / A$），并应用式（1-52），式（1-60）变为：

$$-d\gamma = S_\sigma^x dT + \sum \Gamma_i^x d\mu_i \tag{1-61}$$

在等温条件下，式（1-61）又简化为：

$$-d\gamma = \sum \Gamma_i^x d\mu_i \tag{1-62}$$

式（1–62）即为著名的 Gibbs 方程，它表明表面张力和表面过剩及体相化学势相关。

对二组分体系，若以组分 1 代表溶剂，组分 2 代表溶质，则 Gibbs 公式（1–62）可写成：

$$-\,\mathrm{d}\gamma = \sum \Gamma_1^x \mathrm{d}\mu_1 + \sum \Gamma_2^x \mathrm{d}\mu_2 \qquad (1\text{–}63)$$

图 1–22 表明了 i 组分在界面相的非均匀分布。它们既可能均匀地从 c_i^α 过渡到 c_i^β（如图中组分 1），也可能在界面富集，即在界面相的浓度显著大于 c_i^α 和 c_i^β（如图中组分 2）。

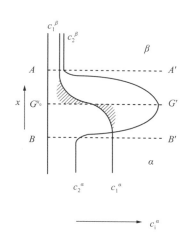

表面过剩 Γ_i^x 取决于 GG' 平面的位置，如果这一位置不确定，就没有意义。Gibbs 提出，将 GG' 平面置于图 1–22 所示的 x_0 处，使组分 1 浓度曲线两侧的阴影面积相等，则组分 1 的过剩量将为零，于是式（1–62）又简化为：

$$-\,\mathrm{d}\gamma = \Gamma_2^1 \mathrm{d}\mu_2 \qquad (1\text{–}64)$$

图 1–22　使组分 1 的过剩量为零的 Gibbs 划分面

此平面称为 Gibbs 划分面，而 Γ_2^1 则为采用 Gibbs 划分面使组分 1 的过剩量为零时组分 2 的过剩量，通常称为 Gibbs 相对过剩。当然，也可选择划分面使 $\Gamma_2^x=0$，于是式（1–63）变成：

$$-\,\mathrm{d}\gamma = \Gamma_1^2 \mathrm{d}\mu_1 \qquad (1\text{–}65)$$

对二组分体系，通常考虑溶质的过剩量，所以式（1–65）被广泛采用。但 Γ_2^1 和 Γ_1^2 并非相互独立，而是有内在联系的。

对多组分体系，选择 Gibbs 划分面，使组分 1（溶剂）的表面过剩为零，则 Gibbs 公式可写成：

$$-\,\mathrm{d}\gamma = \sum_{i=2}^{n} \Gamma_i^1 \mathrm{d}\mu_i \qquad (1\text{–}66)$$

三、表面活性剂在界面上的吸附

1. 气—液界面上的吸附

组分在溶液表面上与体相内部的浓度差异通常用表面过剩表述，描述表面过剩的基本公式是 Gibbs 吸附公式，它是界面化学中的基本公式，描述了吸附量、表面张力、体相浓度三者之间的定量关系。它可以应用于一切界面。当然，用于不同界面时，表（界）面张力、表面过剩、体相过剩必须是相应体系和界面的数值，切不可混淆。对于流体界面，Gibbs 公式主要用于研究界面上的吸附；对于非流体界面，如气—固或液—固界面可利用它从实验测定的数据计算界面能量的变化。

当溶液浓度很小时，表面吸附量与溶液浓度、表面张力间的关系为：

$$\Gamma_i = -\left(\frac{1}{RT}\right)\frac{\mathrm{d}\gamma}{\mathrm{d}\ln c_i} \qquad (1\text{–}67)$$

$$\Gamma_i = -\left(\frac{c_i}{RT}\right)\frac{\mathrm{d}\gamma}{\mathrm{dln}c_i} \qquad (1-68)$$

式中　Γ_i——溶液中 i 组分的吸附量；

　　　c——溶液中 i 组分的浓度；

　　　γ——溶液的表面张力；

　　　R——热力学常数；

　　　T——热力学温度。

由式（1-68）可见，若溶质（表面活性剂）能降低表面张力，它就能在界（表）面上吸附，吸附量与溶质浓度有关。对于有 2 种表面活性剂（同类型的或不同类型的）的混合物也可以进行类似的描述。若溶液的表面张力随着浓度的增加而降低，$\mathrm{d}\gamma/\mathrm{d}c_i$ 为负值，则溶质的表面过剩为正值，即溶质在溶液的表面发生正吸附。

在实验测得溶液浓度与表面张力的变化关系并处理成 $\gamma-c$ 或 $\gamma-\mathrm{lg}c$ 关系曲线后，根据上述公式可以计算表面吸附量、吸附分子占据的平均面积、吸附分子极限占据面积和饱和吸附量等，从而推测吸附分子的尺寸、吸附分子在表面的吸附态、吸附层结构等，进而解释可能发生的与此有关的各种物理化学现象。由吸附量可以计算出界面上的分子所占据的平均面积，由此可了解分子在吸附层的排列情况、紧密程度和定向情形：

$$A = \frac{10^{16}}{N_0\Gamma_2} \qquad (1-69)$$

式中　A——每个表面活性剂分子占据面积；

　　　N_0——阿伏伽德罗常数；

　　　Γ_2——表面活性剂分子平衡吸附量。

2. 液—液界面上的吸附

在水油界面也产生类似水—气界面的吸附，只是由于油相的密度大于气相，在稀溶液状态下表面活性剂的烷基链更易于进入油相而被吸附，即表面浓度较大；在浓溶液情况下，即接近饱和吸附的情况下，油相分子可能插入吸附的表面活性剂分子烷基链之间，而使表面吸附量减小。在实验测得溶液的表面活性剂浓度与界面张力的变化关系后并处理成 $\gamma_{12}-c_2$ 或 $\gamma_{12}-\mathrm{lg}c_2$ 关系曲线，界面吸附量仍然可以由 Gibbs 公式计算：

$$\Gamma_2 = -\left(\frac{1}{RT}\right)\frac{\mathrm{d}\gamma_{12}}{\mathrm{dlg}c_2} \qquad (1-70)$$

在应用式（1-70）处理表面活性剂在液—液界面吸附问题时必须注意满足的条件如下：

（1）适用于非离子型表面活性剂吸附，对于离子型表面活性剂的吸附应当进行适当改进。

（2）第二液相（油）中没有表面活性剂，且构成液—液界面的两液体完全互不溶解。

（3）表面活性剂只溶解于第一液相（水）中。

（4）表面活性剂浓度超过 CMC 值后界面张力不再变化，不能用于计算吸附量。

3. 液—固界面上的吸附

发生在界面上的吸附作用机理因界面性质（固—液）、吸附质性质和吸附剂（即固体表面）性质而异，但是大体上有如下几种机理：

（1）带电荷固体表面的吸附，固体表面的电荷符号决定于固体的等电点（Isoeletric Point，简称 IEP）和其周围介质电势决定离子（H^+ 或 OH^-）浓度，在 pH 值大于 IEP 时表面荷负电，pH 值小于 IEP 时表面荷正电，无论在何种电荷符号情况下都会出现以下情况：①由于静电引力的作用引起吸附，例如阳离子表面活性剂在荷负电高岭土表面上的吸附；②由于离子交换作用引起的吸附，例如碱剂由于 H/Na 交换而在其同黏土接触时引起的损耗；③由于离子配对而引起的吸附，固体表面未被反离子占据的吸附位与溶液中带电溶质离子的吸附。

（2）形成氢键而引起的吸附，固体表面和吸附质之间在形成的氢键"键合"作用下形成吸附。

（3）π 电子极化作用而引起的吸附，吸附质中某些富电子的基团（例如芳香环）与吸附剂强正电位之间的 π 电子极化作用形成的吸附。

（4）色散力的作用引起的吸附，对于不带电、非极性的表面或者不能解离的、不带电的吸附质，它们之间由于范德华力的作用而吸附，例如气体在固体表面的吸附，非离子表面活性剂在固体表面的吸附等。

（5）疏水作用引起的吸附，表面活性剂在水溶液中，由于作用使表面活性剂分子具有自发的逃逸趋向而在固—液界面上吸附，同时由于分子间亲油基的相互引力作用，使得溶液中处于自由状态的分子被已经吸附的分子缔合而吸附形成多层或半胶束状态吸附。

（6）化学吸附，一些情况下，吸附质同吸附剂之间会发生化学反应而在吸附剂表面产生新的化合物，有关实验表明，碱性物质在与黏土接触时发生的反应产生新的物质也是利用了化学吸附的机理等。

第五节　混合表面活性剂的分子相互作用和协同效应

在复合驱现场应用中，大多是混合表面活性剂而不是单一表面活性剂。两种不同的表面活性剂在各种界面吸附时其分子间相互作用用一个参数 β 来表示，它反映了相互作用的性质和强度。β 参数的数值与两种表面活性剂的混合自由能变化有关，即 $\Delta G_{mix} = \beta X(1-X)$，其中，$X$ 是混合表面活性剂中第一种表面活性剂的摩尔分数（以总表面活性剂为基准），（$1-X$）是第二种表面活性剂的摩尔分数。

在正规溶液理论中，β 参数被表示成 $\beta = (W_{AA} + W_{BB} - 2W_{AB})/(RT)$，其中，$W_{AB}$ 是混合表面活性剂之间的分子相互作用能，W_{AA} 是第一种表面活性剂在与第二种表面活性剂混合前的分子相互作用能，W_{BB} 是第二种表面活性剂混合前的分子相互作用能，R 是气体常数，T 是热力学温度。这一公式有助于理解 β 参数的意义。对于吸引作用，W 是负值，对于排斥作用，W 是正值。负的 β 值说明，当两种表面活性剂混合后，它们受到的吸引作用将比混合前更大，或者受到的排斥作用比混合前更小；正的 β 值说明，两种表面活性剂混合后吸引作用减弱而排斥作用增加。对含有离子型表面活性剂的混合体系，混合前离子型表面活性剂分子之间总是存在排斥作用，而与第二种表面活性剂混合后，即使仅有稀释效应也会导致排斥作用减弱，因此，β 参数几乎总是负值，除了阴离子和阴离子混合外。如果两种表面活性剂的亲水基大小或者疏水基的支链化发生变化，则空间位阻效应会影响 β 参数。根据单一表面活性剂的相关性质和分子相互作用参数的数值，可以预测混合体系是否存在协同效应，同时能够预测获得最大协同效应时两种表面活性剂的配比。

一、分子间相互作用参数的测定

表面活性剂的两大基本性质是在界面形成吸附单分子层和在溶液中形成胶束。对表面活性剂混合物来说，其特征现象是在界面形成混合吸附单层和在溶液中形成混合胶束。对两种不同的表面活性剂在界面形成混合吸附单层，分子间作用参数可以通过式（1–71）和式（1–72）来计算，而这两个方程是将非理想溶液理论应用于混合体系的热力学得到的：

$$\frac{X_1^2 \ln(\alpha c_{12}/X_1 c_1^0)}{(1-X_1)^2 \ln[(1-\alpha) c_{12}/(1-X_1) c_2^0]} = 1 \tag{1–71}$$

$$\beta^\sigma = \frac{\ln(\alpha c_{12}/X_1 c_1^0)}{(1-X_1)^2} \tag{1–72}$$

其中，α 是溶液相总表面活性剂中表面活性剂 1 的摩尔分数，即表面活性剂 2 的摩尔分数为（$1-\alpha$）；X_1 是混合吸附单层中表面活性剂 1 的摩尔分数，c_1^0、c_2^0 和 c_{12} 分别是产生某个给定表面张力值所需要的表面活性剂 1、表面活性剂 2 和混合物的水相物质的量浓度；β^σ 是在气—液界面形成的混合吸附单层中的分子间相互作用参数。

对两种不同的表面活性剂在水相形成混合胶束，混合胶束中的分子相互作用参数可以通过式（1–73）和式（1–74）来计算（Rubingh，1979）：

$$\frac{X_1^M \ln(\alpha c_{12}^M/X_1^M c_1^M)}{(1-X_1^M)^2 \ln([(1-\alpha) c_{12}^M/(1-X_1^M) c_2^M]}= 1 \tag{1–73}$$

$$\beta^M = \frac{\ln(\alpha c_{12}^M/X_1^M c_1^M)}{(1-X_1^M)^2} \tag{1–74}$$

其中，c_1^M、c_2^M 和 c_{12}^M 分别是表面活性剂 1、表面活性剂 2 的临界胶束浓度以及固定 α 下混合物的临界胶束浓度；X_1^M 是混合胶束中表面活性剂 1 相对于总表面活性剂的摩尔分数，β^M 是衡量两种不同表面活性剂在水相混合胶束中的相互作用的性质和程度的参数。式（1–71）或式（1–73）可以用试差法（数值解法）求出 X_1 或 X_1^M，然后代入式（1–72）或式（1–74）即可求出 β^σ 和 β^M。

二、产生协同效应的条件

基于相同的非理想溶液理论（以上估算分子相互作用参数时所用），在一些基本界面现象，如表面张力降低和形成混合胶束方面产生协同效应的条件已经通过数学推导获得。当存在协同效应时，获得最大的协同效应的那一点，例如 α^*（水相表面活性剂中表面活性剂 1 的摩尔分数）、X^*（界面相表面活性剂中表面活性剂 1 的摩尔分数）、$c_{12,\min}^M$（混合物的最小 CMC）和 γ_{CMC}^*（混合物在 CMC 时的最小表面张力）等都可以从相关的分子相互作用参数和单一表面活性剂的性质得到。

但我们应当理解，由于推导这些参数所用的非理想溶液理论中应用了一些假设和近似，因此计算得到的有关最大协同效应出现的条件数据可能只是接近于实验条件下获得的数值，并且应当主要用于估算。

1. 降低表面张力或界面张力的效率方面的协同效应或对抗效应（负协同效应）

一个表面活性剂降低表面（或界面）张力的效率已经被定义为产生给定表面（或界面）张力（下降）所需要的溶液中的表面活性剂的浓度。对一个含有两种表面活性剂的水溶液体系，当给定的表面（或界面）张力下降所需要的混合物的浓度低于任意一种单一表面活性剂所需要的浓度时，该体系在这方面存在协同效应；当所需的混合物的浓度大于单一表面活性剂的浓度时，该体系存在对抗效应（表 1-2）。图 1-23 阐述了协同效应和对抗效应。

表 1-2　降低表面张力的效率方面协同效应或对抗效应存在的条件

协同效应	对抗效应
（1）β^{σ} 必须是负的	（1）β^{σ} 必须正的
（2）$\|\beta^{\sigma}\| > \|\ln(c_1^0/c_2^0)\|$	（2）$\|\beta^{\sigma}\| > \|\ln(c_1^0/c_2^0)\|$

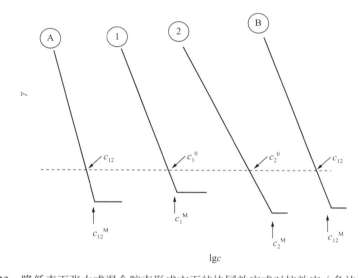

图 1-23　降低表面张力或混合胶束形成方面的协同效应或对抗效应（负协同效应）

①纯表面活性剂 1；②纯表面活性剂 2；Ⓐ表面活性剂 1 和表面活性剂 2 的混合物，在给定的水相中的摩尔分数为 α 时显示协同效应（$c_{12}<c_1^0$，c_2^0 或 $c_{12}^M<c_1^M$，c_2^M）；Ⓑ表面活性剂 1 和表面活性剂 2 的混合物，在给定的水相中的摩尔分数为 α 时，显示对抗效应（$c_{12}>c_1^0$，c_2^0 或 $c_{12}^M>c_1^M$，c_2^M）

由表中 1-2 中条件 2 可以明显看出，为了提高协同效应存在的可能性，混合物中 2 种表面活性剂 c_1^0 和 c_2^0 值应尽可能相互接近。当两者相等时，任何 β^{σ} 值（0 除外）都能产生协同效应或对抗效应。

在协同效应或对抗作用达到最大的那一点，即产生给表面张力下降所需的水相中混合表面活性剂的总物质的量浓度分别为最小值或最大值时，溶液相中表面活性剂 1 的摩尔分数 α^* 与其在界面上的摩尔分数 X_1^* 相等，并且满足关系式：

$$\alpha^* = \frac{\ln(c_1^0/c_2^0) + \beta^{\sigma}}{2\beta^{\sigma}} \tag{1-75}$$

　　体系产生给定表面张力所需的混合表面活性剂水溶液的最小（或最大）总物质的量浓度为：

$$c_{12,\,min} = c_1^0 \exp\left\{\beta^\sigma \left[\frac{\beta^\sigma - \ln(c_1^0/c_2^0)}{2\beta^\sigma}\right]^2\right\} \qquad (1-76)$$

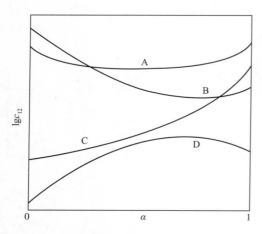

图 1-24　表面张力降低的效率方面的协同效应
或对抗效应（负协同效应）

　　从以上关系式可知，β^σ 的负值越大，$c_{12,\,min}$ 就越小；β^σ 的正值越大，$c_{12,\,max}$ 就越大。图 1-24 举例说明了在降低表面张力的效率方面显示协同效应或对抗效应的体系中 $\lg c_{12}$ 和 α 的关系。

　　由图 1-24 可知：当 $\beta^\sigma < 0$，$|\ln c_1^0/c_2^0| \approx 0$ 时，产生协同效应（曲线 A）；当 $\beta^\sigma < 0$，$|\beta^\sigma| > |\ln c_1^0/c_2^0| > 0$ 时，产生协同效应（曲线 B）；当 $\beta^\sigma < 0$，$|\beta^\sigma| < |\ln c_1^0/c_2^0|$ 时，没有协同效应（曲线 C）；当 $\beta^\sigma > 0$，$|\beta^\sigma| > |\ln c_1^0/c_2^0|$ 时，产生对抗效应（曲线 D）。

　　2. 水介质中混合胶束形成的协同效应或对抗效应

　　当水介质中 2 种表面活性剂的任何混合物的 CMC 值皆比两个单一表面活性剂的 CMC 值要小时，这方面的协同效应即存在。反之，当水介质中 2 种表面活性剂的任何混合物的 CMC 值皆比两个单一表面活性剂的 CMC 值要大时，即存在对抗作用（表 1-3）。

表 1-3　含有 2 种表面活性剂混合物产生协同效应或对抗效应的条件

协同效应	对抗效应
（1）β^M 必须是负的	（1）β^M 必须正的
（2）$|\beta^M| > |\ln(c_1^M/c_1^M)|$	（2）$|\beta^M| > |\ln(c_1^M/c_1^M)|$

　　在最大协同效应或对抗效应那一点，即体系的 CMC 分别是最小值或最大值，溶液相中表面活性剂 1 的摩尔分数 α^* 与混合胶束中表面活性剂 1 的摩尔分数 $X_1^{M,\,*}$ 相等并由下式给出：

$$\alpha^* = \frac{\ln(c_1^M/c_2^M) + \beta^M}{2\beta^M} \qquad (1-77)$$

混合物的最小（或最大）CMC 值为：

$$c_{12,\,min}^M = c_1^M \exp\left\{\beta^M \left[\frac{\beta^M - \ln(c_1^M/c_2^M)}{2\beta^M}\right]^2\right\} \qquad (1-78)$$

　　3. 表面（或界面）张力降低的效能方面的协同效应或对抗（负协同效应）效应

　　当 2 种表面活性剂的混合物在其 CMC 时达到的表面（或界面）张力 γ_{12}^{CMC} 比任一单一表面活性剂在其 CMC 时达到的表面（或界面）张力（γ_1^{CMC}，γ_2^{CMC}）都要小，即存在这类协同效应。反之，当表面活性剂的混合物达到一个更高的表面（或界面）张力 γ_{12}^{CMC} 时，即存在对抗效应（图 1–25）。在表面（或界面）张力降低的效能方面产生协同效应或对抗效应的条件见表 1–4。

表 1–4　表面（或界面）张力降低的效能方面产生协同效应或对抗效应的条件

协同效应	对抗效应
（1）$\beta^{\sigma} - \beta^{M}$ 必须是负的	（1）$\beta^{\sigma} - \beta^{M}$ 必须正的
（2）$\left\| \beta^{\sigma} - \beta^{M} \right\| > \left\| \ln\left(\dfrac{c_1^{0,\mathrm{CMC}} c_2^{M}}{c_2^{0,\mathrm{CMC}} c_1^{M}} \right) \right\|$	（2）$\left\| \beta^{\sigma} - \beta^{M} \right\| > \left\| \ln\left(\dfrac{c_1^{0,\mathrm{CMC}} c_2^{M}}{c_2^{0,\mathrm{CMC}} c_1^{M}} \right) \right\|$

其中，$c_1^{0,\mathrm{CMC}}$ 和 $c_2^{0,\mathrm{CMC}}$ 分别为产生与任何混合物在其 CMC 时所能达到的相同表面张力所需的表面活性剂 1 和表面活性剂 2 的物质的量浓度。

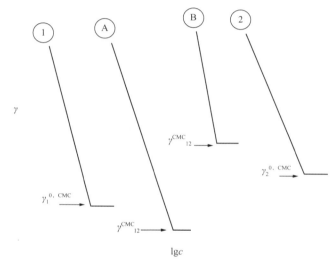

图 1–25　降低表面张力效能方面的协同效应或对抗效应（负协同效应）

①纯表面活性剂 1；②纯表面活性剂 2；Ⓐ表面活性剂 1 和表面活性剂 2 的混合物，在给定的水相中的摩尔分数为 α 时显示协同效应（$\gamma_{12}^{\mathrm{CMC}} < \gamma_1^{\mathrm{CMC}}$，$\gamma_1^{\mathrm{CMC}}$）；Ⓑ表面活性剂 1 和表面活性剂 2 的混合物，在给定的水相中的摩尔分数为 α 时显示对抗效应（$\gamma_{12}^{\mathrm{CMC}} > \gamma_1^{\mathrm{CMC}}$，$\gamma_2^{\mathrm{CMC}}$）

从表 1–4 中条件 1 可以清楚地看出，只有当 2 种表面活性剂在水—空气界面的混合单分子层中的吸引相互作用比在溶液相混合胶束中的吸引相互作用更强时，才会在表面张力降低的效能方面出现协同效应。当混合胶束中 2 种表面活性剂的吸引相互作用比在混合单分子层中更强时，则可能在这方面出现对抗效应。

如果从 β^{σ} 和 β^{M} 的值看出体系有可能出现协同效应时，建议把有较大 γ^{CMC} 值的表面活性剂的 γ—$\lg c$ 曲线下延（为了测定 $c_1^{0,\mathrm{CMC}}$ 和 $c_2^{0,\mathrm{CMC}}$ 值以检验表 1–4 中条件 2）至与另一个表面活性剂（有较小 γ^{CMC}）相等的 γ 值。为此需要将直线（或近乎直线）部分向下延伸［图 1–26（a）］。如果图上接近 CMC 时斜率有所减小，则将其忽略。于是对被延伸的表面活性剂有数值 $\left\| \ln\left(c_1^{0,\mathrm{CMC}} / c_2^{0,\mathrm{CMC}} \right)\left(c_2^{M} / c_1^{M} \right) \right\|$ 与数值 $\left\| \ln\left(c^{0,\mathrm{CMC}} / c^{M} \right) \right\|$ 相等。

当体系有可能发生对抗效应（负的协同效应）时，建议使用在 γ^{CMC} 时具有较高的表面张力值的表面活性剂的 $c_1^{0,\mathrm{CMC}}$ 和 $c_2^{0,\mathrm{CMC}}$ 值［图 1–26（b）］。在这种情况下，对 CMC 时具

有较小表面张力的表面活性剂有数值 $|\ln(c_1^{0,\mathrm{CMC}}/c_2^{0,\mathrm{CMC}})(c_2^{\mathrm{M}}/c_1^{\mathrm{M}})|$ 与数值 $|\ln(c^{\mathrm{M}}/c^{0,\mathrm{CMC}})|$ 相等。

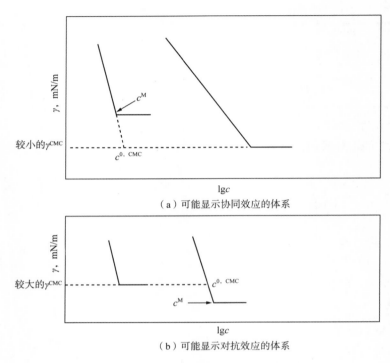

（a）可能显示协同效应的体系

（b）可能显示对抗效应的体系

图 1—26　估计 $(c_1^{0,\mathrm{CMC}}/c_2^{0,\mathrm{CMC}})(c_2^{\mathrm{M}}/c_1^{\mathrm{M}})$

当降低表面（或界面）张力的效能方面的协同效应或对抗效应达到最大时，界面混合吸附层的组成和混合胶束的组成相同，即 $X_1^{*,\mathrm{E}}=X_1^{\mathrm{M},*,\mathrm{E}}\alpha^{*,\mathrm{E}}$，在这一点溶液相中表面活性剂 1 的摩尔分数 $\alpha^{*,\mathrm{E}}$（仅以表面活性剂为基准）可以用试差法求解式（1—79）得到 $X_1^{*,\mathrm{E}}$ 值，再代入式（1—80）中求得：

$$\frac{\gamma_1^{0,\mathrm{CMC}}-K_1(\beta^{\sigma}-\beta^{\mathrm{M}})(1-X_1^{*2})}{\gamma_2^{0,\mathrm{CMC}}-K_2(\beta^{\sigma}-\beta^{\mathrm{M}})(1-X_1^{*2})}=1 \qquad (1-79)$$

$$\alpha^{*,\mathrm{E}}=\frac{\dfrac{c_1^{\mathrm{M}}}{c_2^{\mathrm{M}}}\cdot\dfrac{X_1^{*}}{1-X_1^{*}}\exp[\beta^{\mathrm{M}}(1-2X_1^{*})]}{1+\dfrac{c_1^{\mathrm{M}}}{c_2^{\mathrm{M}}}\cdot\dfrac{X_1^{*}}{1-X_1^{*}}\exp[\beta^{\mathrm{M}}(1-2X_1^{*})]} \qquad (1-80)$$

式中　K_1、K_2——表面活性剂 1 和 2 水溶液的 γ—$\lg c$ 曲线的斜率；
　　　$\gamma_1^{0,\mathrm{CMC}}$、$\gamma_2^{0,\mathrm{CMC}}$——表面活性剂 1 和表面活性剂 2 在各自 CMC 时的表（界）面张力。

三、最佳界面性质的表面活性剂组合条件

（1）使 CMC 下降达到最大幅度。选择具有最大负 β^{M} 值（在混合胶束形成时有最强的吸引相互作用）的表面活性剂组合（Hua 和 Rosen，1982b）。当两种表面活性剂的相

互作用较弱时，即负 β^{M} 值很小时，选择 CMC 值几乎相等的表面活性剂组合。混合物中 CMC 值小的表面活性剂相对于 CMC 值大的表面活性剂应当过量。

（2）使表面（或界面）张力降低的效率达到最大。选择具有最大负 β^{σ}、β^{σ}_{SL} 或 β^{σ}_{LL} 值的表面活性剂组合。如果配方中一种表面活性剂已经确定，那么如果可能的话，第二种表面活性剂的 pc_{20} 值应当比第一种的大。如果表面活性剂的 β^{σ}（或 β^{σ}_{SL} 或 β^{σ}_{LL}）值是比较小的负值（它们之间的吸引相互作用较弱），则选择 pc_{20} 值差不多相等的表面活性剂组合。如果表面活性剂的 β^{σ}（或 β^{σ}_{SL} 或 β^{σ}_{LL}）值是比 较大的负值，选择等两者摩尔混合以获得最大的效率；否则应当使混合物中效率高的表面活性剂（即 pc_{20} 值较大的表面活性剂）过量。

（3）使表面（或界面）张力降到最低。选择具有最大负 β^{σ}（或 β^{σ}_{SL} 或 β^{σ}_{LL}）$-\beta^{M}$ 值的表面活性剂组合。如果这一数值是较小的负值，可能的话，使用 CMC 时 γ 值接近相等的表面活性剂。如果不能做到这一点，则在 CMC 时具有较大 γ 值的表面活性剂最好在界面上有较小的分子面积。

第六节　表面活性剂的乳化作用

乳状液是一种液体以一定尺寸的液滴形式分散在另外一种与之不相溶的液体中形成的稳定的分散体。根据分散相的质点大小，该领域的研究者将乳状液分为三种类型：（1）普通乳状液，即最常见的外观不透明的乳状液，粒径大于 400nm（0.4μm），在显微镜下很容易观察到；（2）微乳液，外观透明，粒径小于 100nm（0.1μm）的液；（3）纳米或微细乳状液，外观呈蓝白色，粒径介于前两种类型之间（0.1~0.4μm）。

根据分散相的性质，普通乳液分为两种类型：水包油型（O/W）和油包水型（W/O）。O/W 型乳状液指与水不相溶的液体或者溶液，不管其本身性质如何，统称为油相（O），在水相（W）中形成的分散液。这里，油相是非连续相（内相），而水相是连续相（外相）。W/O 型乳状液是水或者水溶液（W）在与水不相溶的液体（O）中形成的分散液。油和水形成的乳状液的类型主要取决于所使用的乳化剂的性质，某种程度上也与制备过程以及油相与水相的比例有关。通常，如果乳化剂在水相比在油相更容易溶解，则易形成 O/W 型乳状液；反之，如果乳化剂在油相中更容易溶解，则易形成 W/O 型乳状液，这就是著名的 Bancroft 规则。O/W 型和 W/O 型乳状液彼此之间没有达到热力学平衡；对一种特定的乳化剂，在给定浓度和其他一些设定条件下，通常一种类型比另一种类型更稳定，但如果条件改变，一种类型就可能转化为另一种类型，称为乳状液的相转变。

当表面活性剂与原油作用，形成乳状液对于提高采收率具有重要作用，当表面活性剂与原油通过多孔介质充分混合，在外力作用下发生乳化，形成的乳状液能提高驱油体系的波及体积和驱油效率。

一、乳状液的形成

普通乳状液在形成过程中，两种不互溶液体中的一种被打碎，成液珠状态被分散在第二种液体中。由于两种不互溶液体间的界面张力总是大于零，而内相的分散使得体系的相界面面积急剧增大，于是导致系统的界面自由能显著增加。因此，相对于被最小界面面积分隔而成的两个体相，乳状液在热力学上是极不稳定的。正是由于这一原因，两种不相溶的纯液体不能形成乳状液。乳化剂的作用就是使这些本质上不稳定的体系在适当的时间内保持稳定，以便体系发挥某些作用。它们是通过吸附在液—液界面，形成定向的界面膜来达到这一目的。定向界面膜具有两种作用：（1）使两液相间的界面张力降低，从而降低体系因两相界面面积增大而引起的热力学不稳定性；（2）通过在分散的液珠周围形成机械的、空间的和（或）电性的障碍，降低液珠之间的聚结速率。

普通乳状液的液珠聚结成更大的液珠并最终导致乳状液破裂的速率主要取决于以下几种因素。

（1）界面膜的物理性质。

普通乳状液中，分散的液珠总是处于不断的运动中，因此，液珠间会发生频繁的碰撞。如果一次碰撞导致包裹两个液珠的界面薄膜破裂，那么这两个液珠将聚结成一个更大的液珠，因为这会使体系的自由能降低。如果这一过程持续进行，分散相就将从乳状液中分离出来，导致乳状液破裂。因此，界面膜的机械强度是影响普通乳液稳定性的主要因素之一。

（2）分散液珠上存在电性和位阻聚结障碍。

如果分散液珠上存在电荷，将形成一个电性障碍，阻止分散的液珠间相互靠近。通常认为，只有在 O/W 型乳状液中，电性障碍才是一个显著因素。O/W 型乳状液中液珠上的电荷来源于表面活性剂以亲水基朝向水相的吸附。在离子型表面活性剂稳定的乳状液中，液珠上的电荷符号总是取决于表面活性离子的电荷符号，而在非离子表面活性剂稳定的乳状液中，分散相的电荷既可能来自水相中离子的吸附，也可能来自液珠和水相之间的摩擦。在后一种情况下，介电常数高的一相带正电荷。在 W/O 型乳状液中，液珠几乎不带电荷，即便有，实验数据表明稳定性和所带电荷量无关。

当两个分散的液珠相互靠近时，界面膜上的基团可能会被迫形成能量更高的排布，从而构成阻碍液珠继续靠近的空间位阻。在 O/W 型乳状液中，构成界面膜的表面活性剂的亲水基是高度水化的，当两个分散的液珠靠近时，这些亲水基可能会被迫脱水，或者长聚氧乙烯链可能会被迫改变其通常的卷曲状分子构型，从而形成这种空间位阻。在 W/O 型乳状液中，形成界面膜的表面活性剂的长烷基链向油相中伸展，也产生这种空间位阻效应。

（3）连续相的黏度。

连续相黏度 η 的增加将导致液珠的扩散系数 D 的减小，因为对球形质点有：

$$D = \frac{kT}{6\pi\eta a} \qquad (1-81)$$

式中　　k——Boltzmann 常数；

　　　　T——热力学温度；

　　　　a——分散液珠的半径。

当扩散系数减小时，液珠碰撞的频率及聚结速度都降低。当悬浮的液珠数量增多时，外相的黏度增加，这是许多乳状液在浓缩状态下比在稀释状态下更稳定的原因之一。为此目的，可以向乳状液中加入特殊成分，如天然的或者合成的"增稠剂"来提高外相的黏度。在特定的油、水和乳化剂浓度下，能够形成使连续相的黏度增大的液晶相，这可以极大地提高普通乳状液的稳定性。

（4）液珠大小分布。

影响液珠聚结速率的一个因素是液珠的大小分布。液珠大小分布范围越窄，乳状液越稳定。这是因为大液珠单位体积所对应的表面积较小，因此在热力学上普通乳状液中的大液珠比小液珠更稳定，并趋向于长大，而小液珠则减小。如果这一过程持续进行，将最终导致乳状液破乳。因此，在平均粒径相同的情况下，粒径分布相当均匀的乳状液要比粒径分布宽的乳状液更稳定。

（5）相体积比。

随着普通乳状液中分散相体积的增加，界面膜的面积需要不断增加才能包裹分散相的液珠，因此，体系的不稳定性增加。当分散相的体积超过连续相的体积时，包裹分散相的界面膜的面积将大于包裹连续相所需的界面膜面积，导致乳状液的类型（O/W 或 W/O）变得越来越不稳定。

（6）温度。

改变温度会引起体系的一系列因素发生变化，包括两相间的界面张力、界面膜的性质和黏度、乳化剂在两相中的相对溶解度、液体的蒸气压和黏度，以及分散相质点的热运动等。因此，改变温度通常会引起乳状液的稳定性发生显著变化，例如可能导致乳状液转相或者破裂。当乳化剂在其溶解的溶剂中的溶解度接近其最小溶解度时，乳化剂通常是最有效的，因为此时乳化剂的表面活性最高。由于乳化剂的溶解度通常随温度而变化，因此，乳状液的稳定性也将受温度的影响。

二、相转变

通过改变某些乳化条件，可使普通乳状液从 W/O 型转变为 O/W 型或者相反。这些条件包括：

（1）两相的加入顺序（将水加入溶有乳化剂的油中可能得到 W/O 型乳状液，而将油加入溶有相同乳化剂的水中则可能得到 O/W 型乳状液）。

（2）乳化剂的性质（油溶性乳化剂倾向于形成 W/O 型乳状液，而水溶性乳化剂倾向于形成 O/W 型乳状液）。

（3）两相的体积比（增加油水比倾向于形成 W/O 型乳状液，增加水油比倾向于形成 O/W 型乳状液）。

（4）溶解乳化剂的相（在水相中加入亲水性表面活性剂作为乳化剂有利于形成 O/W 型乳状液）。

（5）体系的温度（对用 POE 非离子表面活性剂稳定的 O/W 型乳状液，升高温度导致表面活性剂的亲油性增强，乳状液可能转为 W/O 型；另一方面，冷却可能导致某些离子型表面活性剂稳定的乳状液转为 W/O 型）。

（6）电解质或其他添加物的含量［向离子型表面活性剂稳定的 O/W 型乳状液中加入强电解质，会通过降低分散质点的电势、增加表面活性离子和反离子间的作用（使其亲水性减弱）而使乳状液转变为 W/O 型；向 O/W 型乳状液中加入长链醇或脂肪酸，它们与表面活性剂形成亲油性更强的复合乳化剂，从而可能使乳状液由 O/W 型转变为 W/O 型］。

在 O/W 型乳状液转变为 W/O 型乳状液的过程中，分散的油珠上的任何电荷必须被移去，并且从原来的界面膜形成一个连接的固态凝聚膜。根据这一机理，O/W 乳状液中带电的界面膜被中和，油珠倾向于聚结而形成连续相。被捕获的水被界面膜包围并重排，形成由不带电荷的刚性膜稳定的形状不规则的水珠，其结果就是形成 W/O 型乳状液。

三、微乳液

在表面活性剂、助表面活性剂和助溶剂存在条件下，油水两相混合后根据盐度不同一般会形成 Winsor Ⅰ、Winsor Ⅱ和 Winsor Ⅲ类型微乳液，其中，Winsor Ⅲ类乳化的出现是表面活性剂大幅度降低油水界面张力结果，表明表面活性剂处于真正亲油亲水平衡。因此，一个表面活性剂配方能否形成 Winsor Ⅲ类微乳液已经成为衡量该体系能否大幅度降低界面张力的重要标志。

1. 微乳液的形成

关于微乳液的形成和稳定性，人们提出了不同的机理。Schulman 和 Prince 等提出了瞬时负界面张力概念，即表面活性剂和助溶剂在油水界面产生混合吸附，大幅度降低油水界面张力到 $10^{-5} \sim 10^{-3}$ mN/m 范围，甚至产生瞬时负界面张力。为了平衡负界面张力，体系将自动扩张界面，即形成微乳液。如果微乳液发生聚结或者体系界面面积缩小，则又产生负界面张力来对抗微乳液聚结，从而解释了微乳液的稳定[8]。与此类似，Ruckenstein[9] 提出当表面活性剂和助溶剂（短链醇）存在时，二者会在油水界面产生混合吸附，从而降低油水界面张力到非常低水平，有利于产生乳化（新的油水界面）。另外，表面活性剂和助剂在界面吸附导致二者在体相和界面的化学势能不相上下，从而降低了整个体相自由能，如果体相自由能变化为负值，则会克服油水界面张力产生的正自由能，从而自动引发液珠分散。

2. 微乳液分类

微乳液刚出现时，为了描述这种特殊的油水混合体系，称其为"胶束乳化""溶胀胶束"等。后来为了更确切地体现每一种微乳液特性，P.A. Winsor 于 1948 年开始把它们分为 4 类，分别为 Winsor Ⅰ、Winsor Ⅱ、Winsor Ⅲ和 Winsor Ⅳ类乳化，目前在三次采油中广泛应用的乳化类型为 Winsor Ⅰ、Winsor Ⅱ和 Winsor Ⅲ类乳化，如图 1-27 所示。这一经典分类法一经提出便被广泛接受，而且一致沿用至今。下面将依次对这四类乳化体系及其特性进行介绍。

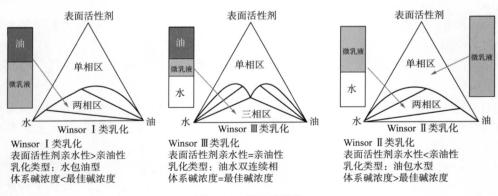

Winsor Ⅰ类乳化
表面活性剂亲水性>亲油性
乳化类型：水包油型
体系碱浓度<最佳碱浓度

Winsor Ⅲ类乳化
表面活性剂亲水性=亲油性
乳化类型：油水双连续相
体系碱浓度=最佳碱浓度

Winsor Ⅱ类乳化
表面活性剂亲水性<亲油性
乳化类型：油包水型
体系碱浓度>最佳碱浓度

图 1-27　微乳液分类

Winsor Ⅰ类微乳液。体系共有两相，分别为富含表面活性剂的下相微乳液和几乎不含表面活性剂的过剩油相。微乳液类型为水包油型（O/W），其中水为连续相，油为分散相。Winsor Ⅰ类乳化发生在相对较低的盐度条件下，此时表面活性剂的亲水性能大于亲油性能。Winsor Ⅰ类微乳液还被称为下相微乳液、Ⅱ（－）类微乳液、γ微乳液或者水为外相的微乳液等。

Winsor Ⅱ类微乳液。体系共有两相，分别为富含表面活性剂的上相微乳液和几乎不含表面活性剂的过剩水相。微乳液类型为油包水型（W/O），其中油为连续相，水为分散相。Winsor Ⅱ类乳化发生在相对较高的盐度条件下，此时表面活性剂的亲油性能大于亲水性能。Winsor Ⅱ类微乳液还被称为上相微乳液、Ⅱ（＋）类微乳液、α微乳液或者油为外相的微乳液等。

Winsor Ⅲ类微乳液。体系共有三相，分别为富含表面活性剂的中相和几乎不含表面活性剂的过剩油相和水相。微乳液类型为双连续相。Winsor Ⅲ类乳化发生在中等盐度条件下（介于形成Ⅰ类和Ⅱ类乳化的盐度之间），表面活性剂亲油亲水趋于平衡，中相与油水两相界面张力均达到非常低的水平，如果用于三次采油，此时体系驱油效果最为理想。Winsor Ⅲ类微乳液还被称为中相微乳液、Ⅲ类微乳液、β微乳液或双连续相微乳液等。

Winsor Ⅳ类乳化。体系只有一相，油、水、表面活性剂完全互溶。一般情况下，要想形成 Winsor Ⅳ类乳化，需要非常高的表面活性剂浓度。如果用于三次采油（胶束驱），理论上可以达到100%采收率，但由于化学剂成本非常高，因此高浓度表面活性剂胶束驱目前已经渐渐淡出人们视野。

图1-27显示从左到右，当体系盐度升高时，相态从 Winsor Ⅰ类乳化→Winsor Ⅲ类乳化→Winsor Ⅱ类乳化微乳液变化规律。每一类乳化除了列出了乳化体系示意图，还给出了由表面活性剂（S）、油（O）和水（W）组成的三组分相图。

3. 微乳液机理

当油水界面张力降低到足够低时，油水混合后能够形成不同类型微乳液，它们分别是 Winsor Ⅰ（O/W）、Winsor Ⅱ（W/O）、Winsor Ⅲ（双连续相）和 Winsor Ⅳ（单相）类乳化。不同类型微乳液形成与体系温度、盐度、表面活性剂性能以及油水比有关。为了帮助理解和预测不同类型微乳液的形成，人们提出了双重膜理论、R比理论和几何排列理论，现分别做一介绍。

（1）双重膜理论。

Bancroft[10]和 Clowes[11]把吸附在油水界面的表面活性剂作为单独的一层界面膜（第三相），因为该膜两侧分别与油水接触，分别表现出了不同的界面性能，由此发展出了双重膜理论。该理论认为表面活性剂相两侧存在两个界面张力或者表面压，分别为 $\pi_o{}'$ 和 $\pi_w{}'$，总表面压为两者之和。

如果这两个表面压不相等，如图1-28所示，则双重膜会受到一个剪切力发生弯曲，结果表面压较高的一侧面积增大，表面压较低的一侧面积减小，直到两侧表面压相等。

当 $\pi_w{}' > \pi_o{}'$，即水相一侧表面压高于油相一侧表面压时，则双面膜弯向油相，导致水相面积增加，此时会形成油包水型微乳液（W/O）。

当 $\pi_o{}' > \pi_w{}'$，即油相一侧表面压高于水相一侧表面压时，则双面膜弯向水相，导致油相面积增加，此时会形成水包油型微乳液（O/W）。

双重膜理论通过引入油水两侧分别存在两个表面压的概念很好地阐述了油包水型（W/O）和水包油型（O/W）乳化，但它并没有明确解释为什么有时会出现双连续相的中相微乳液。这因为它只提出了两种可能的界面弯曲，一种是向水相弯曲，形成水包油型乳化，另外一种是向油相弯曲，形成油包水型乳化。依据该理论模型，如果进行进一步分析可以看出，当表面活性剂和助剂作为第三相在油水两相间存在时，应该会存在第三种可能，即油水两侧界面分别弯向中间相，此时会出现中相包油（O/M）和中相包水（W/M）乳化，也就是说中相会同时增溶油水两相，在油水两相间形成包含油、水、表面活性剂和助剂的中间相，这应该与中相微乳液理论相一致。而油水两相同时向中相弯曲的可能性是存在的，当由表面活性剂和助剂组成的第三相的亲油亲水性能接近平衡时，中相与油水两相界面张力均会显著降低，那么中相同时增溶油水也就成为可能。

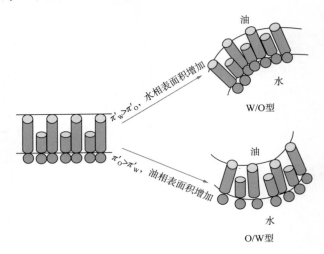

图 1-28 双重膜理论

（2）R 比理论。

Winsor 在 1948 年提出了 R 比理论，该理论考虑了表面活性剂分子分别与油相和水相作用，通过对比亲油亲水作用大小来解释不同类型微乳液形成机理（图 1-29）。R 比理论定义了表面活性剂与油相和水相作用力，它们分别为 A_{CO} 和 A_{CW}。其中：

$$A_{CO} = A_{LCO} + A_{HCO} \qquad (1-82)$$

式中 A_{CO}——表面活性剂分子与油作用力；

A_{LCO}——表面活性剂亲油基团与油作用力；

A_{HCO}——表面活性剂亲水基团与油作用力。

一般来说，表面活性剂亲油基团与油相作用力要远远大于亲水基团与油相作用力，即 $A_{LCO} \gg A_{HCO}$

$$A_{CW} = A_{LCW} + A_{HCW} \qquad (1-83)$$

式中 A_{CW}——表面活性剂分子与水作用力；

A_{LCW}——表面活性剂亲油基团与水作用力；

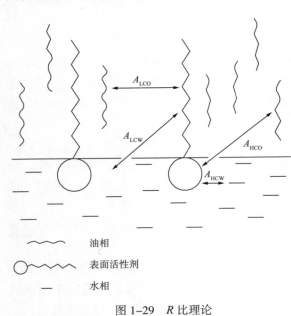

图 1-29 R 比理论

A_{HCW}——表面活性剂亲水基团与水作用力。

同样，表面活性剂亲水基团与水相作用力要远远大于亲油基团与水相作用力，即 $A_{HCW} \gg A_{LCW}$。

通过对比表面活性剂分别与油相和水相作用力大小，可以预测该体系形成微乳液类型。

$$R = \frac{A_{CO}}{A_{CW}} = \frac{\text{表活剂亲油性}}{\text{表活剂亲水性}} \tag{1-84}$$

当 $R<1$ 时，表面活性剂亲油性能小于亲水性能，形成 Winsor I 类乳化（O/W）。

当 $R=1$ 时，表面活性剂亲油亲水趋于平衡，形成 Winsor III 类乳化（微乳液为双连续相）。

当 $R>1$ 时，表面活性剂亲油性能大于亲水性能，形成 Winsor II 类乳化（W/O）。

（3）几何排列理论。

根据界面膜弯曲程度以及微乳液类型与表面活性剂分子几何结构关系出发，Israelachvili 等人在 1976 年提出了几何排列理论[12]。该理论通过考虑表面活性剂亲水基团和亲油基团几何模型，提出了几何填充参数，即 $V/(al)$。其中，V 为表面活性剂分子烷基链体积，a 为界面上每个表面活性剂分子极性基团有效横截面积，l 为表面活性剂分子烷基链长度。如图 1-30 所示，通过比较几何填充参数，可以预测不同类型微乳液形成：

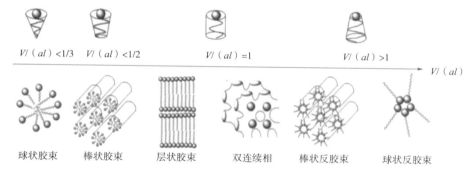

图 1-30　几何排列理论（Tadashi，2011）

当 $V/(al)<1$ 时，表面活性剂烷基链的横截面积小于极性基团横截面积，界面凸向水相弯曲，形成水包油型乳化（O/W）。

当 $V/(al)=1$ 时，表面活性剂烷基链的横截面积等于极性基团横截面积，产生平界面（不优先向任何一侧弯曲），此时形成层状液晶相。当有助剂存在时，界面膜较柔软，倾向于形成双连续相的中相微乳液。

当 $V/(al)>1$ 时，表面活性剂烷基链的横截面积大于极性基团横截面积，界面凸向油相弯曲，形成油包水型乳化（W/O）。

4. 微乳液在三次采油中应用

在化学驱过程中，无量纲因子毛细管数（N_c）与驱油效率有着直接关系。大量实验研究结果表明，随着毛细管数增加，驱油效率也随着增加，而且当毛细管数高于一个临界值时（$10^{-4} \sim 10^{-2}$），采收率会急剧增加，残余油饱和度可以降低到非常低的水平[13]。式（1-85）给出了毛细管数的定义，它是被驱替相（例如油）所受到的黏滞力与毛细管力的比值：

$$N_c = \frac{v\mu}{\gamma}$$

(1–85)

式中　μ——注入流体黏度；

　　　v——注入速度；

　　　γ——油水两相界面张力。

当有表面活性剂存在时，油水界面张力可以从 30~40mN/m 降低到 10^{-3} mN/m 数量级超低值。也就是说，通过表面活性剂在油水界面吸附，可以增加毛细管数上千倍，使得复合驱大幅度降低水驱残余油成为可能。

20 世纪 70 年代末 80 年代初，"石油危机"出现，造成国际油价居高不下，各国加大了三次采油研究力度。由于微乳液可以大幅度降低油水界面张力，因此注入微乳液来提高采收率开始受到人们重视，相态实验逐渐成为当时筛选和评价高效驱油体系的重要手段。初期的微乳液体系主要由表面活性剂、助溶剂（短链醇）、油（烃类）、盐以及聚合物等组成，由于所用表面活性剂浓度较高，在水相中形成胶束，因此被称为胶束—聚合物驱。该方法采用注入高浓度表面活性剂溶液来降低油水界面张力，启动水驱后残余油，然后再注入后续聚合物段塞（由于剖面调整和流度控制）和后续水驱来大幅度提高采收率。当然，也有人提出了先注入聚合物溶液对非均质油藏渗透率极差进行调整，然后再注入表面活性剂和后续聚合物以及在表面活性剂段塞中加入聚合物的建议[14-16]。在大量室内研究基础上，20 世纪 80 年代初美国三大石油公司——Marathon、Exxon 和 Conoco 开展了胶束—聚合物驱现场试验，几个项目所用表面活性剂浓度均在 3% 以上，有的高达 10%。由于表面活性剂浓度较高，为了降低成本，主段塞注入量仅为 10%~30% 孔隙体积。但由于驱替过程中波及效率以及表面活性剂与地层水盐度（硬度）适应性方面存在一些问题，现场应用效果并不理想，和预期的结果有不小差距[17]。因此，自 20 世纪 80 年代以来，国外高浓度的胶束—聚合物驱项目逐渐停止。

20 世纪 90 年代以前，中国先后在大庆油田、玉门油田和胜利油田进行了小规模的胶束—聚合物驱先导性试验，同样由于化学剂成本较高以及采出液处理困难等原因，无法得以继续[18]。20 世纪 90 年代以来，三元复合驱技术开始向低表面活性剂浓度方向发展。大庆油田三元复合驱矿场试验和工业化应用所用表面活性剂浓度均比之前的胶束驱至少低一个数量级，仅为 0.3% 左右[19]。由于大庆原油为石蜡基，而且胶质和沥青质含量偏低，导致原油酸值低于 0.1mg KOH/g[20]，再加上表面活性剂浓度偏低，通常认为在此条件下，很难形成中相微乳液。基于这些原因，低表面活性剂浓度条件下相态评价技术在国内一直没有受到重视，化学驱用表面活性剂筛选目前还主要依赖界面张力测量（旋转滴法）。但近一二十年间，随着高效新型表面活性剂开发和配方优化，低表面活性剂浓度、低酸值原油体系形成中相微乳液也成为可能。Levitt 等人指出了旋转滴法界面张力测量存在的诸多困难和不确定性，比如测量结果会受到取样准确性影响，界面张力值随时间而变化，长时间无法达到一个稳定值。与界面张力测量相比，相态评价的优势主要有：（1）在更接近真实油水比条件下考察表面活性剂亲油亲水性能；（2）通过中相微乳液对油水增溶来评估油水界面张力；（3）相态实验结果可以确定注入体系最佳盐度（盐度过高或过低均对体系驱油性能产生不利影响）；（4）揭示三元复合驱油机理（乳化与驱油效果关系等）。基于这些原因，相态评价目前已经取代界面张力测量，成为化学驱用表面活性剂性能评价的关键技术，该技术在国外应用已经成为常态[21-27]。

5. 相图识别及流程

（1）相态计算。

在 20 世纪七八十年代，许多研究人员在研究高浓度表面活性剂胶束驱（2%~10% 表面活性剂浓度）时，多数都会给出不同类型相图。常见的就是包含表面活性剂或助剂（S）、油（O）和水（W）的三组分相图。

任何一个相图均可以提供以下信息：（1）相图类型，即 Winsor Ⅰ 类、Winsor Ⅱ 类或者 Winsor Ⅲ 类乳化；（2）图中任何一点总组成，即油、水和表面活性剂初始含量；（3）图中任何一点各相占总体积的百分数；（4）图中任何一点各相在微乳液相中所占百分数。只有熟练掌握这些信息才能更好地应用相图，并根据实验结果来绘制相图。图 1-31 列出了如何通过已知相图来进行相关计算。相对于其他两类乳化，Winsor Ⅲ 类乳化相图最为复杂，下面通过举例方法（计算图 1-32 中 T 点相组成）来逐步解析 Winsor Ⅲ 类乳化相图的计算（读者可以根据计算过程来自行进行其他两个相图的计算）。

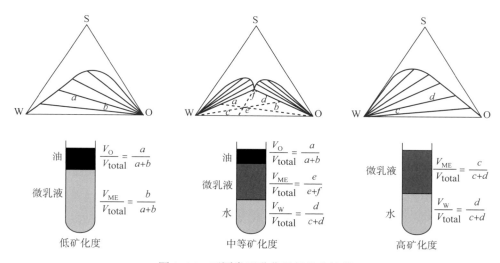

图 1-31　不同类型乳化及相组分计算

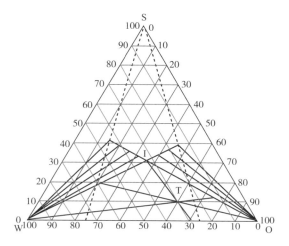

图 1-32　Winsor Ⅲ 类乳化相图（T 点相组成计算）

第一步：相图类型判断。从图1-32中边界线形状可以看出，该体系为Winsor III类乳化，即该体系有三相组成，它们分别为上相油相、中相微乳液相和下相水相。

第二步：各相总组成。根据T点在图中位置可以从图中直接读出（假设总体积为100mL）：水（V_W）=30mL，油（V_O）=60mL，表面活性剂（V_S）=10mL。

第三步：各相体积计算。

a=1.41，$a+b$=2.91；d=0.69，$c+d$=3.4；e=0.44，$e+f$=1.36。这些值均是直接从图中各线段长度测量得到（结合图1-31）。

$V_O/V_{total}=a/(a+b)$=1.41/2.91=0.48。V_O=100×0.48=48mL。

$V_{ME}/V_{total}=e/(e+f)$=0.44/1.36=0.32。因此，V_{ME}=100×0.32=32mL。

$V_W/V_{total}=d/(c+d)$=0.69/3.4=0.20。因此，V_W=100×0.20=20mL。或者V_W=100mL–48mL–32mL=20mL（因为三相总体积为100mL）。

第四步：微乳液相组成。

V_O=60mL–48mL=12mL。

V_W=30mL–20mL=10mL。

V_S=10mL（所有表面活性剂均在微乳液相中）。

微乳液相体积V_{me}=12mL+10mL+10mL=32mL。其中，V_O=12/32=38%，V_W=10/32=31%，V_S=10/32=31%。

随着对相态理论进一步了解和掌握，目前人们逐渐略去了繁复的三相图绘制，因为这需要测量成百个实验数据来绘制一张相图（固定的盐度），而要绘制不同盐度的相图工作量更是大得惊人。为了能够快速有效地利用相态实验指导复合体系配方筛选和体系优化，研究人员现在只需固定油水比和表面活性剂浓度来进行盐度扫描，就可以确定复合体系能否形成中相微乳液、中相微乳液对油水增溶能力（用于界面张力计算）以及体系最佳盐度。下面采用举例的方式来展示如何根据相态实验结果进行相关参数计算。

（2）油水增溶指数和界面张力计算。

在相态实验过程中，一般是固定油水比，进行盐度扫描。图1-33为油水比为1:1，表面活性剂浓度为0.3%时盐度扫描结果示意图。从图1-33中可以，随着盐度升高，改变了表面活性剂在油水两相溶解性能，从而导致乳化类型会出现从Winsor I类到Winsor III类再到Winsor II类的转变。根据初始以及稳定后各相体积大小，可以估算油水两相增溶指数以及它们分别与微乳液相间界面张力。式（1-86）和式（1-87）用于增溶指数计算，然后利用式（1-88）和式（1-89）来计算界面张力。假设油相和水相初始体积均为1mL，表面活性剂浓度为0.3%，图1-33给出了增溶指数和界面张力计算过程。

$$\sigma_O = \frac{V_O}{V_S} \qquad (1-86)$$

$$\sigma_W = \frac{V_W}{V_S} \qquad (1-87)$$

$$\gamma_{OM} = \frac{c}{\sigma_O^2} \qquad (1-88)$$

$$\gamma_{WM} = \frac{c}{\sigma_W^2} \qquad (1-89)$$

式中 c——常数，一般情况下为 0.3mN/m；

σ_O、σ_W——油、水在微乳液相增溶指数；

V_O、V_W——油、水在微乳液相增溶体积，mL；

V_S——表面活性剂体积，mL；

γ_{OM}、γ_{WM}——中相微乳液分别与油水两相间界面张力，mN/m。

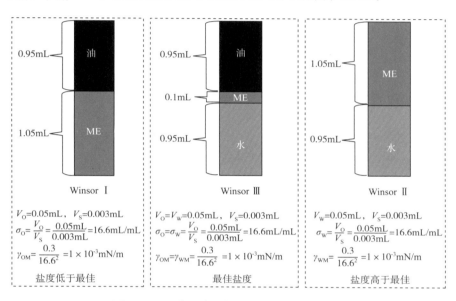

图 1-33 油水增溶指数和界面张力计算示意图

（3）最佳盐度确定。

如图 1-34 所示，随着体系盐度升高，乳化类型从 Winsor Ⅰ 类到 Winsor Ⅱ 类转化，中间会经过 Winsor Ⅲ 类乳化。由于产生 Winsor Ⅰ 类和 Winsor Ⅱ 类乳化时表面活性剂要么亲水性太强，要么亲油性太强，因此，均非最佳驱油体系。而当 Winsor Ⅲ 类乳化出现时，表明表面活性剂亲油亲水趋于平衡。

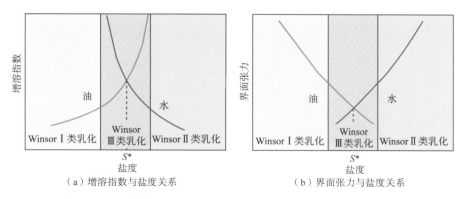

图 1-34 增溶指数、界面张力与微乳液类型和体系盐度关系示意图

S^*—最佳盐度

如果中相微乳液对油水两相增溶能力相同，通过式（1-88）和式（1-89）可以计算出

中相与油相以及水相界面张力相等，体系达到最佳，此时体系处于最佳盐度（一般用 S^* 来表示）。最佳盐度可以通过两种途径获得，一是图 1-34（a）中油水增溶指数曲线交叉点，二是图 1-34（b）中油水界面张力曲线交叉点。图 1-28 中 Winsor Ⅲ 类微乳液相对油水增溶指数均为 16.6mL/mL，中间相与油水两相界面张力相等（均为 1×10^{-3} mN/m），因此该体系盐度（盐度）为最佳盐度。

（4）相态影响因素。

相态影响因素比较多，例如所用表面活性剂类型、结构和分子量，助溶剂、助表面活性剂、体系盐度、温度、原油性能以及油水比等。总体来说，凡是能够影响表面活性剂亲水亲油性能的因素均会对不同类型微乳液形成产生影响。比如，减少阴离子表面活性剂（烷基苯磺酸盐、石油磺酸盐、烯烃磺酸盐等）的烷基链长度（分子量），增加表面活性剂支链化程度，以及加入水溶性较好的助溶剂和助表面活性剂均会增加表面活性剂亲水性能，从而使体系最佳盐度升高；反之，则会增加表面活性剂亲油性能，从而降低体系最佳盐度。

对于阴离子表面活性剂，升高体系温度会增加表面活性剂水溶性，从而提高体系最佳盐度。这与非离子表面活性剂正好相反，由于氢键随温度升高而变弱，因此高温条件下，非离子表面活性剂水溶性变差，体系最佳盐度会降低。助剂（短链脂肪醇）的加入不仅会改变表面活性剂水溶性，还可以防止生成黏度较高的胶体和液晶相，从而有利于快速形成对驱油效果有利的低黏度中相微乳液。当然，助剂的水溶性对体系最佳盐度也有影响，水溶性好的助剂会增加体系最佳盐度，水溶性差助溶剂则会降低体系最佳盐度。同理，当溶解性不同的两种表面活性剂复配时，水溶性相对较差表面活性剂占的比重越多，配方溶解性越差，则体系最佳盐度越低；反之，当溶解性较好的表面活性剂所占比例越大时，配方溶解性越好，体系最佳盐度就越高。

第二章　复合驱油机理

复合驱油技术是一项在水驱基础上注入一种碱—表面活性剂—聚合物复合驱油体系，通过降低油水界面张力，改变相对渗透率、岩石润湿性，从而使驱油效率和波及体积增加而大幅度提高原油采收率的技术。

经过多年的技术攻关，大庆油田在原油各组分对界面张力影响程度研究的基础上，根据亲水亲油平衡理论，研究建立了低酸值原油复合驱油理论，量化了复合体系性能与驱油效率关系，为大庆低酸值石蜡基原油开展复合驱奠定了基础。

第一节　低酸值原油复合驱油理论

复合体系超低界面张力是复合驱提高采收率重要机理之一。20 世纪 70 年代，国外学者通过系统考察碱与原油中酸组分之间的相互作用对油水界面张力的影响，发现碱与原油中酸性组分反应生成石油羧酸盐，与外加表面活性剂协同作用降低油水界面张力，大幅度提高驱油效率。以往超低界面张力影响因素的研究大多针对高酸值原油[28-30]，研究重点主要是无机盐与表面活性剂之间的相互作用及对界面张力的影响机理。由于无机盐压缩双电层，削弱电排斥力，明显增大离子型表面活性剂在界面上的吸附量，从而大幅度降低界面张力。

在此基础上，国外学者给出复合驱适用原油酸值界限为不低于 0.2mg KOH/g。按照此理论，低酸值原油不适合复合驱。而大庆原油酸值低，仅为 0.01mg KOH/g 左右，按照传统理论并不适合复合驱。针对大庆低酸值原油，评价了百余种表面活性剂，发现有 3 种磺酸盐类产品能够与大庆低酸值原油在很窄碱浓度范围形成超低界面张力，说明酸值并不是形成超低界面张力的唯一条件。大庆低酸值原油中还存在其他组分，如胶质、沥青质、酚酯类和含氮杂环类化合物等也可通过协同效应进一步降低油水界面张力。

一、低酸值原油组分对界面张力影响

将原油按照族组成进行分离，研究表明，族组成对降低界面张力的贡献为：胶质＞沥青质＞芳烃＞饱和烃，如图 2-1 所示。针对将有机酸混合物分离成单一结构有机酸的难题，大庆油田的伍晓林和中国科学院理化技术研究所的靳志强等人根据极性分离和酸性分离的特点，设计了一套原油中酸性活性组分的分离方法。首先，对原油按照族组成分离，然后对各个族组分进行酸性活性组分的提取和测定，分别得到了不同极性的酸性活性组分，分离过程如图 2-2 所示。

如前面所述，胶质、沥青质是原油中的天然活性组分，胶质和沥青质中除酸性活性组分之外，还含有大分子的含氮杂环化合物，这些化合物对油水体系的界面张力的影响规律和作用机理尚未认识清楚，有必要对其进行提取分离和表征，并开展相应的物化性质研究。由于含氮化合物结构复杂、极性范围宽，在原油中的含量低，因而对化合物进行定性定量分析之前需要进行富集。采用络合法使经过富集后的含氮组分相比于原油中的含氮量

增加了十余倍，富集过程如图 2-3 所示。

按酸组分和含氮杂环组分在原油中所占比例与煤油混合，测定其与复合体系的界面张力，实验结果如图 2-4 所示。通过界面张力实验发现，在碱性条件下，含氮杂环化合物与特定结构的表面活性剂同样存在明显的协同效应，可以形成超低界面张力。该发现为低酸值原油应用复合驱技术提供了理论依据[31-33]。

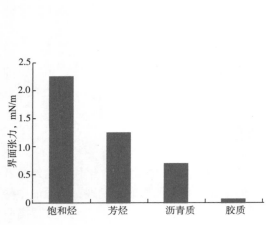

图 2-1 大庆原油组分降低界面张力贡献

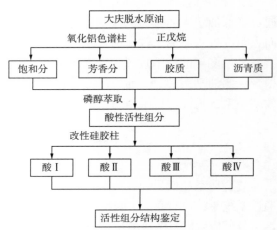

图 2-2 酸性活性组分的综合分离方法流程图

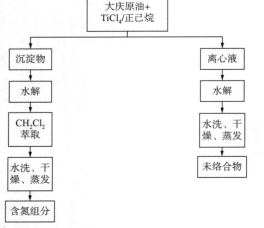

图 2-3 络合法富集含氮杂环化合物流程图

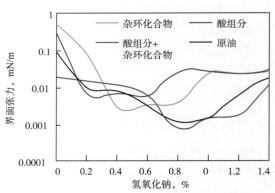

图 2-4 杂环化合物组分对界面张力影响

二、表面活性剂当量与低酸值原油的匹配关系

在原油组成研究的基础上，根据亲水亲油平衡理论，对于单组分的烃类，当与之对应的单组分表面活性剂在油水界面亲油、亲水达到平衡时，可形成超低界面张力，且表面活性剂当量与油相分子量存在最佳对应关系。同理，对于多种烃类混合物组成的油相，依据同系表面活性剂的亲水、亲油平衡值的加和性以及同系烷烃作用的协同效应，可以推导出表面活性剂当量分布与油相分子量分布形态相似、表面活性剂的平均当量与油相的平均分

子量相匹配时，表面活性剂与油相间可形成超低界面张力。

基于上述原理，进一步通过不同当量表面活性剂与不同平均分子量原油界面张力实验，结合原油中不同组分与界面张力的关系，确定出非极性组分与极性组分的校正系数，建立表面活性剂当量与低酸值原油的匹配关系，进而创建低酸值原油复合驱油理论：

$$N_a = \frac{\sum X_i N_i}{A \sum X_{oF,i} \; M_{rF,i} + B \sum X_{oJ,i} M_{rJ,i}} \tag{2-1}$$

式中　N_a——匹配系数；

N_i——表面活性剂组分 i 的当量；

X_i——表面活性剂组分 i 在表面活性剂体系中的百分数；

$M_{rF,i}$——原油中非极性组分 i 的分子量；

$M_{rJ,i}$——原油中极性组分 i 的分子量；

$X_{oF,i}$——原油中非极性组分 i 的百分数；

$X_{oJ,i}$——原油中极性组分 i 的百分数；

A——原油中非极性组分贡献系数；

B——原油中极性组分贡献系数。

第二节　色谱分离对复合体系性能的影响

复合驱过程中会发生色谱分离现象。室内及矿场试验研究结果表明，表面活性剂、碱、聚合物的色谱分离直接影响驱油效率。设计 7.2m 的填砂管模型，系统研究了复合体系在驱替过程中化学剂浓度及体系性能随运移距离的变化规律，为复合体系配方设计以取得好的驱油效果奠定了基础[34-35]。

填砂管模型设计：设计长度 7.2m、带有多个取样点的填砂管模型，跟踪分析不同注入阶段复合体系中化学剂浓度及体系性能的变化规律。

（1）实验模型：$\phi 5cm \times 720cm$ 长管模型，填充物为天然油砂，黏土含量 7%~11%，渗透率为 980mD，在距离模型注入端 14%、33%、60%、86% 的位置设计 4 个取样点。

（2）实验油水：模拟油，黏度 10mPa·s；模拟水，矿化度分别为 6778mg/L 和 4456mg/L。

（3）注入体系：烷基苯磺酸盐浓度 0.3%；NaOH 浓度 1.2%；大庆炼化公司生产的分子量 2500×10^4 聚合物，浓度 1600mg/L；复合体系界面张力为 4.21×10^{-3}mN/m，黏度为 46.1mPa·s。

一、化学剂浓度变化规律

填砂管驱油实验采出液分析结果表明（图 2-5），化学剂采出顺序为聚合物、碱、表面活性剂；从化学剂采出浓度来看，聚合物采出浓度最高，碱其次，表面活性剂采出浓度最低。这与复合驱矿场试验采出端化学剂分析结果一致（图 2-6）。

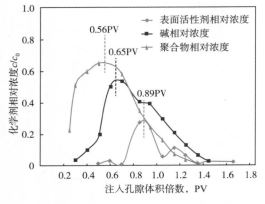

图 2-5　填砂管化学剂浓度检测曲线

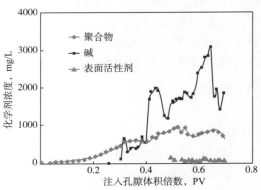

图 2-6　复合驱试验区采出化学剂浓度曲线

从图 2-7 中可以看出，聚合物浓度损失较小，在岩心中的峰值浓度基本都维持在 1000mg/L 以上。

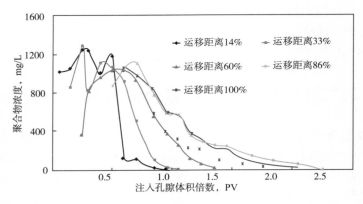

图 2-7　复合驱阶段各取样点聚合物浓度变化

随着段塞的推进，对应各取样点的碱浓度、表面活性剂浓度逐渐上升到峰值，然后逐渐下降，并且峰值浓度依次降低（图 2-8、图 2-9）。

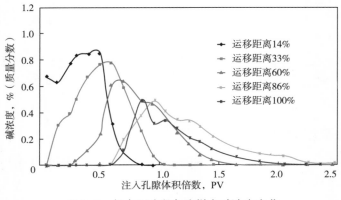

图 2-8　复合驱阶段各取样点碱浓度变化

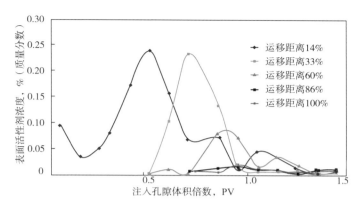

图 2-9 复合驱阶段各取样点表面活性剂浓度变化

与聚合物和碱的损耗相比,表面活性剂在岩心中损耗最大,在油相中检测到表面活性剂(图 2-10)。表面活性剂损失的主要原因是表面活性剂进入油相和在岩心中大量吸附滞留。因此,对黏土矿物较多的二、三类油层,则应通过加入牺牲剂或提高表面活性剂性能,减少表面活性剂的吸附量。

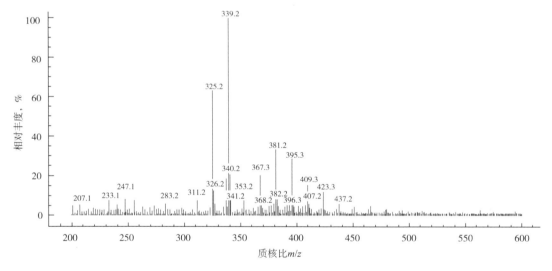

图 2-10 油相中表面活性剂的检测

二、复合体系黏度变化规律

图 2-11 为采出端的聚合物浓度及复合体系黏度测定结果,可以看出,随着注入孔隙体积倍数的增加,复合体系黏度先增大然后逐渐减小。运移过程中聚合物浓度损失较小,各取样点的聚合物黏度峰值均大于注入的复合体系黏度。这主要是因为在运移初期,聚合物与碱在一起,聚合物分子双电层被压缩,分子链发生蜷缩,复合体系黏度降低;随着复合体系段塞的不断运移,聚合物与碱发生色谱分离,聚合物分子链恢复舒展,复合体系黏度上升,注采能力将产生一定程度下降。因此,复合体系中聚合物浓度设计不应过高。

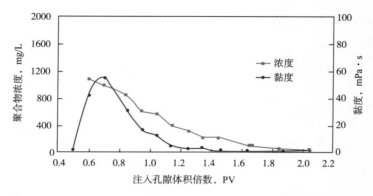

图 2-11　出口端复合体系黏度及聚合物浓度曲线

三、复合体系界面张力性能变化规律

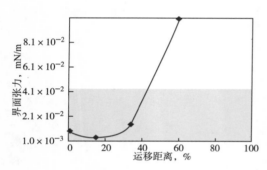

图 2-12　各取样点体系界面张力

复合体系从注入段至距离注入端 33% 处之前都能保持超低界面张力。但随着复合体系继续向采出端运移，界面张力逐渐上升（图 2-12）。从烷基苯磺酸盐产品吸附前和吸附后的 LC-MS 分析对比中可以看出，表面活性剂也存在着色谱分离，各组成含量发生变化（图 2-13 和图 2-14），导致复合体系界面张力达不到超低。因此，复合体系性能优化时，可通过扩大超低界面张力范围或研制组分相对单一的表面活性剂，增大复合体系在油层中的超低界面张力作用距离，进一步提高驱油效率。

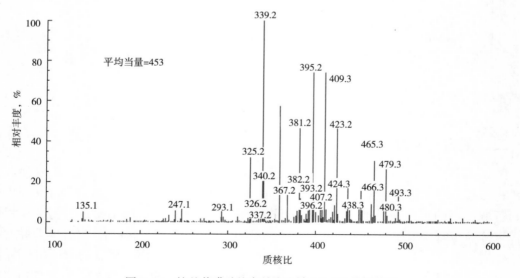

图 2-13　烷基苯磺酸盐产品注入端 LC-MS 分析结果

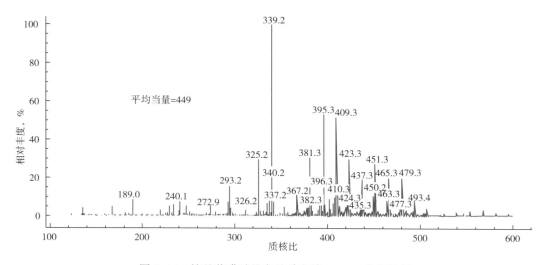

图 2-14　烷基苯磺酸盐产品采出端 LC-MS 分析结果

第三节　复合体系乳化及渗流特征研究

对比聚合物体系，利用可视化微观模型研究不同驱油体系在微观孔隙介质中与油的相互作用特征、渗流特征、剩余油分布特征等，进一步解释聚合物、表面活性剂—聚合物、聚合物 + 表面活性剂 + 碱（强、弱）等不同驱油体系的微观驱替机理，为驱油剂配方的优化调整研制、驱油方案编制及矿场试验监测评价提供依据。

一、复合驱油体系性能和乳化特征

1. 复合驱油体系性能

1）黏度

四种体系在不同聚合物浓度下黏度值如图 2-15 和表 2-1 所示。从图 2-15 和表 2-2 可以得出，聚合物浓度为 1200mg/L 时黏度为 30.5mPa·s，聚合物浓度为 1480mg/L 时黏度为 40mPa·s。无碱二元体系的黏度为 30.25mPa·s 时聚合物浓度为 1200mg/L，弱碱三元和强碱三元黏度分别为 30mPa·s 时聚合物浓度的浓度均为 1350mg/L（表 2-2）。

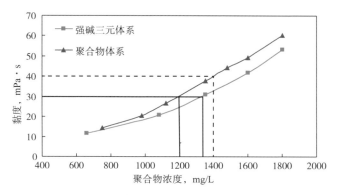

图 2-15　强碱三元体系和聚合物体系的黏度—浓度关系

表 2-1　复合体系配制表

体系名称	碱	表面活性剂	聚合物
强碱体系	分析纯 NaOH（配制溶液浓度 1.2%）	强碱表面活性剂（配制溶液浓度 0.3%）	分子量 2500×10^4 HPAM
弱碱体系	分析纯 Na_2CO_3（配制溶液浓度 1.2%）	弱碱表面活性剂（配制溶液浓度 0.3%）	分子量 2500×10^4 HPAM
无碱体系	无	无碱表面活性剂（配制溶液浓度 0.3%）	分子量 2500×10^4 HPAM
聚合物体系	无	无	分子量 2500×10^4 HPAM

表 2-2　不同驱替体系在 30mPa·s 黏度下的聚合物浓度

体系	黏度，mPa·s	聚合物浓度，mg/L
聚合物	30.5	1200
无碱二元	30.25	1200
弱碱三元	30.5	1350
强碱三元	30.75	1350

2）界面张力

在 45℃下，用 Model TX 500C 界面张力仪 5500r/min 测定复合驱油体系与大庆原油间的界面张力。测定不同时间的表面张力，绘制界面张力与时间关系曲线，如图 2-16 所示。图 2-17 显示的是强碱三元体系不同乳化等级乳化体系的界面张力与时间关系曲线。

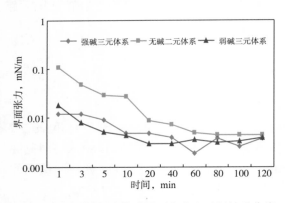

图 2-16　不同驱油体系界面张力和时间关系曲线

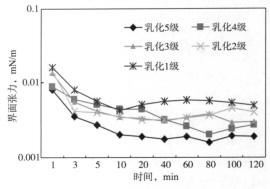

图 2-17　强碱三元体系不同乳化等级界面张力和时间关系曲线

从图 2-16 可以看出，无碱、弱碱和强碱三个体系均能达到超低界面张力（10^{-3}mN/m），在相同时间段强碱三元和弱碱三元体系油水界面张力都明显低于表面活性剂 + 聚合物的二元体系，三元体系达到超低界面张力的时间更早，速度更快。从图 2-17 可以看出，强碱三元体系 5 个乳化等级的界面张力大致随着乳化等级的增加而降低。强碱三元体系乳化 5 级界面张力明显高于其他强碱三元体系乳化等级。强碱三元体系乳化 1 级界面张力高于其他强碱三元体系乳化等级。而且乳化级动态曲线还出现界面张力翘尾现象。从这些结果可以看出，不同乳化等级强碱三元体系能够在原界面张力的基础上继续降低界面张力，界面张力的降低，将进一步提高与原油乳化的能力。

2. 复合驱油体系乳状液稳定性评价

取复配体系（聚合物、无碱二元、弱碱三元、强碱三元）和大庆原油按照比例（5∶5）混合，放置到 45℃、150r/min 恒温摇床中振荡 24h。利用全能近红外线稳定分析仪（图 2-18）对这些复配体系与大庆原油混合后的乳状液进行乳状液稳定性分析。分别分析各时间段乳化稳定性系数。分析流程如下：利用全能近红外线稳定分析仪对各个乳状液样品进行扫描分析，扫描程序为 0~60min，每 1min 扫描一次；60~180min，每 5min 扫描一次。根据扫描结果得到各阶段原油乳状液的稳定系数，结果见图 2-19 和表 2-3。

图 2-18　TurbiScan Lab 全能近红外稳定分析仪

表 2-3　各驱油体系（与大庆原油 5∶5）乳化稳定系数与时间关系

编号	体系	乳化稳定系数
①	无碱二元	1.69
②	强碱三元	2.06
③	弱碱三元	2.08
④	聚合物	3

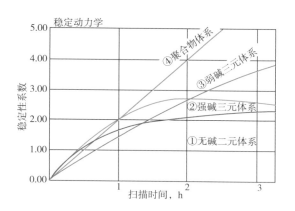

图 2-19　各驱油体系（5∶5）乳化稳定性曲线

由于聚合物体系没有乳化原油的能力，在整个乳化稳定性分析的过程中，其稳定性系数一直不变。其余3种驱油体系（无碱二元、弱碱三元、强碱三元）在各时间段的稳定性系数差别并不明显，但是其稳定性系数均在0.5~2.0，说明这三种驱油体系的乳状液均具有一定的稳定性。

强碱三元、弱碱三元和无碱二元体系的油水比分别为1:9和3:7的乳化稳定性系数测定结果见表2-4和图2-20。

表2-4 复合体系不同油水比例下的乳化稳定性系数

体系	油水比1:9稳定性系数	油水比3:7稳定性系数
强碱三元	0.71	1.49
弱碱三元	0.97	2.27
无碱二元	2.44	4.06

三种驱油体系油水比为1:9的稳定性系数均小于3:7的，说明驱油体系的油水比越大，越有利于乳状液体系的稳定。三种体系内比较发现，强碱三元体系的乳状液稳定性系数优于弱碱三元和无碱二元体系。

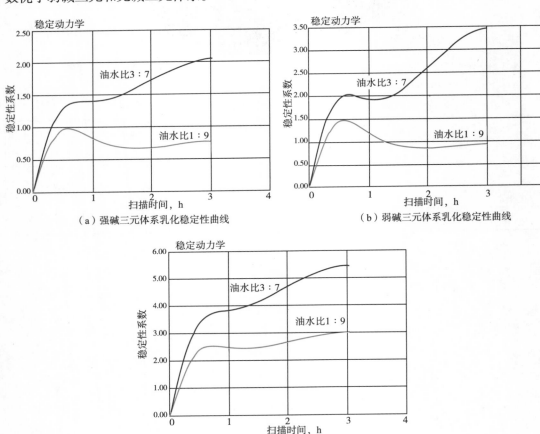

（a）强碱三元体系乳化稳定性曲线　　　（b）弱碱三元体系乳化稳定性曲线

（c）无碱二元体系乳化稳定性曲线

图2-20　不同油水比下各体系乳化稳定性曲线

3. 不同比例复合驱油体系乳状液显微观察

取复配体系（无碱二元、弱碱三元、强碱三元）和大庆原油按照不同比例（9∶1、7∶3、5∶5、3∶7、1∶9）混合，将各驱油体系按照不同的油水比混合，放于45℃摇床，150r/min振荡培养24h，取出后在45℃培养箱放置10min后，取出乳化层用显微镜放大50倍观察，用该仪器测量工具对各观察视野中的乳化颗粒进行镜检并统计（图2-21），显微观察图如图2-22至图2-24所示。随机选取各乳化显微照片25个油粒测量直径，计算出原油乳状液颗粒的平均粒径，统计结果如图2-25所示。

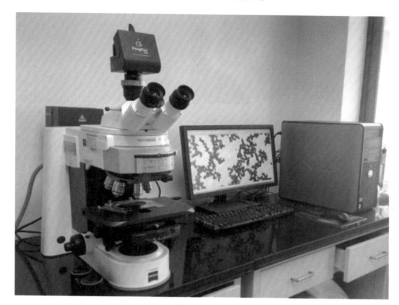

图2-21　乳状液显微相片及粒度分析实验系统

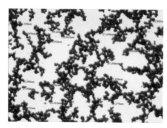

油水比1∶9

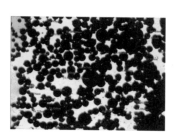

油水比3∶7

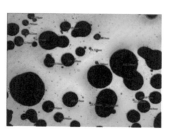

油水比5∶5

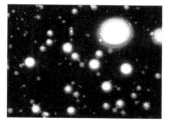

油水比7∶3

油水比9∶1

图2-22　强碱三元体系不同油水比乳化颗粒显微照片及乳化粒径选择（放大50倍）

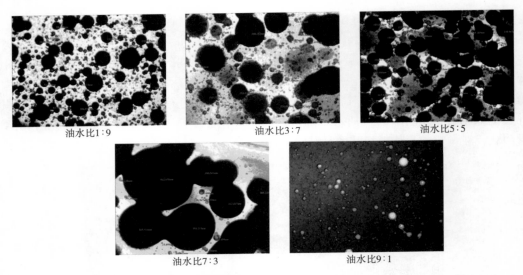

图 2-23　弱碱三元体系不同油水比乳化颗粒显微照片及乳化粒径选择（放大 50 倍）

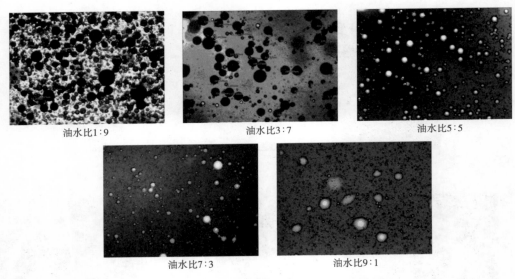

图 2-24　无碱二元体系不同油水比乳化颗粒显微照片及乳化粒径选择（放大 50 倍）

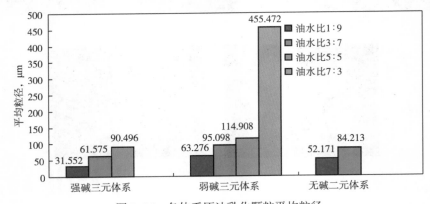

图 2-25　各体系原油乳化颗粒平均粒径

图 2-25 中原油乳化颗粒平均粒径测量结果表明，无碱二元、弱碱三元、强碱三元三种体系均呈现一定的规律，随着原油比例的增加，对于水包油乳状液而言，作为分散相的原油颗粒的粒径逐渐变大。对于强碱三元体系，油水比从 1:9 增加到 3:7 和 5:5 后，原油乳化颗粒平均粒径从 31.552μm 分别增大到 61.575μm 和 90.496μm，当油水比达到 7:3 时，乳状液从 O/W 型转变为 W/O 型；对于弱碱三元体系，油水比从 1:9 增加到 3:7、5:5 和 7:3 后，原油乳化颗粒平均粒径从 63.276μm 分别增大到 95.098μm、114.908μm 和 455.472μm，当油水比达到 9:1 时，乳状液从 O/W 型转变为 W/O 型；对于无碱二元体系，油水比从 1:9 增加到 3:7 后，原油乳化颗粒平均粒径从 52.171μm 增大到 84.213μm，当油水比达到 5:5 后，乳状液从 O/W 型转变为 W/O 型；当油水比为 1:9 时，强碱三元体系的乳化颗粒平均粒径最小，无碱二元体系次之，弱碱三元体系最大。而且各油水比下（3:7、5:5）强碱三元体系的乳化颗粒平均粒径均小于无碱二元体系和弱碱三元体系，说明强碱三元体系的乳化能力最佳，优于无碱二元体系和弱碱三元体系。已知乳化液破乳要求颗粒聚集，颗粒之间存在的引力克服排斥力。在破乳过程中，颗粒越来越大。而强碱三元体系油水比为 1:9 时，原油乳化颗粒最小，虽然各乳化颗粒连接聚集在强碱三元体系中，但是强碱三元体系能在乳化颗粒表面形成一层界面膜。界面膜对分散相液滴具有保护作用，使其在布朗运动中相互碰撞的液滴不易聚结。因此，形成了强碱三元体系油水比为 1:9 所呈现的显微观察照片中的图像，也从侧面反映出强碱三元体系乳化原油后具有较强的稳定性。

不同乳化级别强碱三元体系（油水比 5:5）乳化显微照片如图 2-26 所示，从图中可以看出，随着乳化等级的增加，乳化液滴逐渐变小，且相同视野下，乳化液滴增多。从乳状液粒径统计来看，随着乳化等级的增加，乳化颗粒的粒径逐渐变小，平均粒径从 0 级的 99.009μm 逐渐减小到 5 级的 67.915μm（图 2-27）。

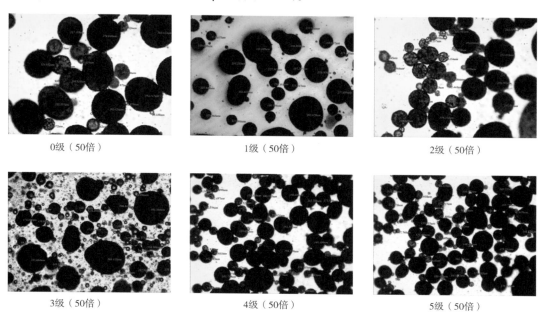

0级（50倍）　　　　　　1级（50倍）　　　　　　2级（50倍）

3级（50倍）　　　　　　4级（50倍）　　　　　　5级（50倍）

图 2-26　不同乳化级别强碱三元体系（油水比 5:5）乳化实验

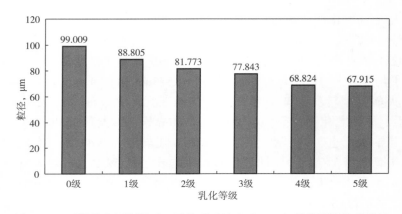

图 2-27　不同乳化级别强碱三元体系（油水比 5∶5）乳化颗粒粒径统计

4. 不同比例复配体系乳状液析水率

将不同复配体系与油水混合后的乳状液在恒温摇床振荡 24h 后，倒入试管中，在 45℃恒温培养箱静置，测量乳状液在不同时间的析水程度，计算析水率，结果如图 2-28 所示。比较各体系相同比例下的析水率，结果如图 2-29 所示。

图 2-28　不同油水比下强碱三元、弱碱三元和无碱二元体系析水图

从图 2-29 可以看出，虽然油水比不同，但是呈现的规律却一致，强碱三元体系的析水率和最终析水率都低于无碱二元和弱碱三元体系，而无碱二元体系的析水率和最终析水率均略低于弱碱三元体系，说明在析水率这一指标下，强碱三元体系最佳，无碱二元体系次之，最差为弱碱三元体系。从不同油水比下的析水率可以看出，各驱油

体系的油水比越大，析出的程度越小，说明能形成较稳定的油包水的状态。以强碱三元体系为例，油水比为 1:9 时，析水率为 90%；油水比为 9:1 时，在 96h 之内，无水析出。

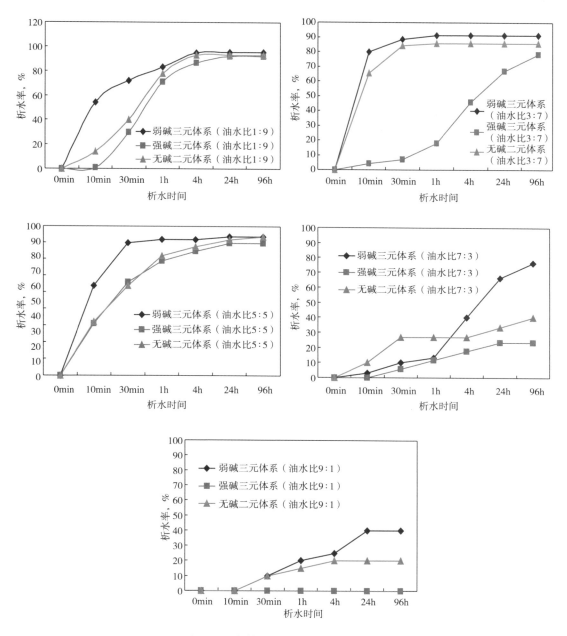

图 2-29　各体系不同油水比下的析水率

将强碱三元不同乳化等级驱油体系与油水混合后的乳状液在恒温摇床震荡 24h 后，倒入试管中，在 45℃恒温培养箱静置，测量乳状液在不同时间的析水程度，计算析水率，结果如图 2-30 所示。计算各乳化等级强碱三元驱油体系析水率，结果如图 2-31 所示。

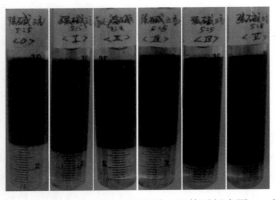

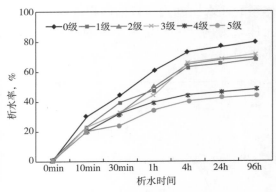

图 2-30　不同乳化级别强碱三元体系析水图　　　图 2-31　不同乳化级别强碱三元体系析水率比变化图

强碱三元不同乳化等级驱油体系对析水率影响较大，乳化等级越高，析水速度越慢，最终的析水率也越低。

无碱二元、弱碱三元和强碱三元 3 种驱油体系的界面张力均能达到超低（10^{-3}mN/m）；强碱三元体系乳化稳定性、乳化颗粒直径以及析水率等性能都强于弱碱三元和无碱二元体系，随着油水比的增大，乳状液平均粒径和分散度先增大再减小。

二、复合体系驱油微观渗流机理

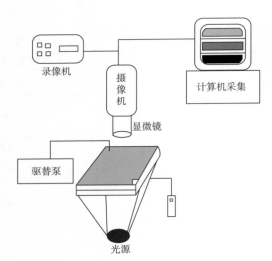

图 2-32　微观刻蚀模型驱油实验系统示意图

将微观驱油模型清洗干净，用模拟地层水饱和微观模型，用真空泵将微观刻蚀模型抽真空 2h；饱和地层水，用配制的模拟油驱替地层水，建立起束缚水；用注入水驱直至形成水驱剩余油为止；进行复合驱替剩余油的阶段，观察整个驱替过程，用彩色显微录像和显微摄影记录实验中的流动过程和各种现象，供分析研究。实验中复合驱的压差不大于水驱油的压差。

微观刻蚀模型实验系统主要由驱替泵、中间容器、显微镜、摄像机、显微摄像头、监视器、录像机以及实验用微观模型等组成，如图 2-32 所示。

1. 聚合物驱油的微观渗流机理

在本实验中所使用的聚合物驱配方为 980mg/L 的分子量 2500×10^4HPAM 的聚合物，黏度达到 30mPa·s。下面从亲水模型来研究聚合物驱的微观渗流机理和复合驱后剩余油分布研究。

微观刻蚀模型经过水驱后剩余油的分布如图 2-33 所示，由于水油黏度差异很大，致使水驱的过程中水会沿着孔道中间突进，去除模型中的一部分模拟油，在图中可以看到，水驱后的剩余油分布形态多样，主要分布在小孔隙、孔隙间的交汇处、孔隙边缘等地带以及部分较大的孔隙、狭小的喉道和盲端内。由于在水驱过程中，孔隙中的原油受到水的不均匀突进、流动不畅孔道和表面力的滞留、细孔喉卡断等作用的影响，水驱后在模型中可明显地观察到存在着大量的剩余油斑块。

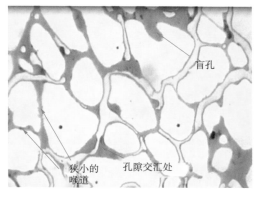 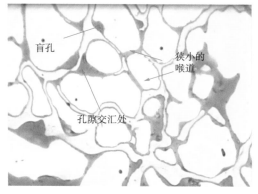

图2-33 聚合物微观模型水驱后残余油分布

当聚合物体系进入孔隙中时，与水相比，聚合物推进更加均匀，使油水整体沿孔道前进，在聚合物黏弹作用下，原油拉伸形成分散的块状油滴。首先，沿着孔隙边缘进入充满水的较大的孔道中。聚合物溶液会推动小油滴移动。随着小油滴越积越多，就会形成比较大的油滴，同时压差增大，克服了部分毛细管力，将较细喉道中的剩余油驱出，增大了复合驱的波及面积，改善了绕流现象。最终聚合物溶液夹带着小油珠将其带走，通过喉道向前运移[36]。

聚合物驱替亲水微观模型内剩余油的机理可以概述为以下三点：

（1）小油滴启动。当二元复合体系的前缘进入模型中时，复合体系与地层水汇合互溶，使复合体系前缘浓度降低，此时低浓度的复合体系前缘可使黏附在孔壁的小油滴重新运移，而大部分水驱剩余油仍滞留不动。由于复合驱可以使水驱无法采出的小油滴驱替出来，因此复合驱可以提高洗油效率。

（2）波及面积增大。随着复合体系注入量的增大，复合体系浓度逐渐增大，浓度的增大导致复合体系具有较大的驱动压差，从而可以波及水驱无法驱替的区域，狭长喉道中的油相在复合驱溶液的作用下被驱走。但是由于模型内孔隙的非均匀性，存在一些较狭窄的喉道，内部的水驱剩余油不易被驱替出来。

微观刻蚀模型在聚合物体系驱替过程中残余油的分布如图2-34所示。

对比图2-34中的4张图片可以看出，聚合物体系的驱动方向由右上角至左下角。其中，主流通道［图2-34（a）］和边部通道［图2-34（b）］处的小油滴在此处的喉道聚集成团，聚集压力，形成大油团，进而形成油墙，最终驱替出来。因此，聚合物驱可以到达水驱无法波及的喉道内，将内部的原油驱替出来，可以增大波及面积。

经过聚合物体系的驱替后残余油的分布如图2-35所示，与水驱对比，聚合物驱后原油剩余量降低，原油更加分散，处于孔道交汇处的原油被驱走。在主流线区域内孔道中的大块剩余油被驱走，基本驱扫干净，在孔隙壁上留下少量的油膜；在孔隙的连通处，即喉道仍残留部分剩余油。但由于边界模型附近不存在流体压差，因此驱扫效果不好。在被狭窄的喉道包围的区域内，由于不能形成流动通道，内部的油相也成为剩余油。复合驱后剩余油主要以少量油珠的形式分布在孔隙的内壁上，非常狭窄的喉道内有油柱，盲端和模型的边缘也含有少量剩余油。

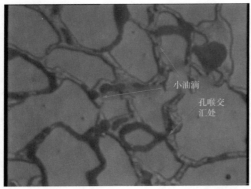 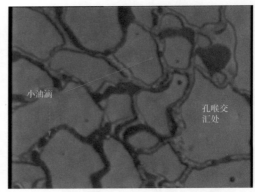

（a）聚合物体系驱油特征（主流通道）

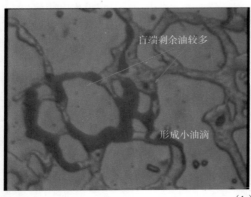 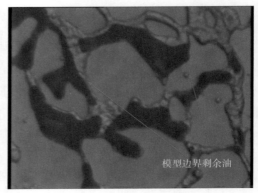

（b）驱替边部通道

图 2-34 聚合物体系驱替过程中原油分布

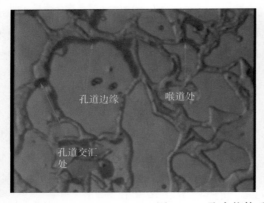 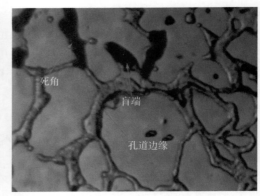

图 2-35 聚合物体系驱替后残余油的分布

从剩余油的分布形式来看，水驱后剩余油主要以网状、柱状的形式存在，而复合驱后剩余油的分布形态比较简单，孤立状剩余油所占比例有所增加，这主要是因为水驱后剩余油的含量比较多，不同位置的剩余油容易相互连接在一起，而聚合物驱后剩余油含量大大减少，相互连通的剩余油很少，只剩下与主流通道单向连接的通道。

2. 无碱二元复合驱油微观渗流机理

在本实验中所使用的二元复合驱配方为 0.3% 的表面活性剂和分子量 2500×10^4HPAM

的聚合物。通过界面张力测定可以得出，表面活性剂与原油之间的界面张力达到了超低界面张力（10^{-2}mN/m），具有启动原油乳化的能力。下面从亲水模型来研究二元复合驱的微观渗流机理和复合驱后剩余油分布。

微观刻蚀模型经过水驱后剩余油的分布如图2-36所示，水驱后，剩余油分布与图2-33有相似之处，剩余油分布在孔隙交汇处、孔隙边缘和水驱不可及处。在图2-36中可以看到，水驱后的剩余油分布形态多样，主要分布在孔隙间的交汇处、部分较大的孔隙中、狭小的喉道和盲端内。由于在水驱过程中，孔隙中的原油受到水的不均匀突进、流动不畅孔道和表面力的滞留、细孔喉卡断等作用的影响，水驱后在模型中可明显地看到存在着大量的剩余油斑块。

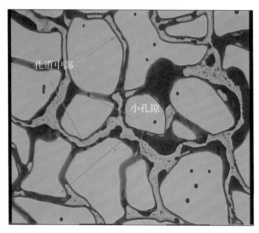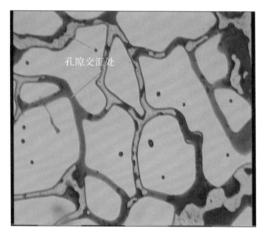

图2-36　无碱二元微观模型水驱后残余油分布

当二元体系进入孔隙中时，由于无碱二元体系具有低界面张力的特性，会产生乳化分散作用，也具有聚合物的增黏作用使驱油效率更高，首先沿着孔隙的边缘进入充满水的较大的孔道中。体系的前缘浓度会被地层水稀释，溶液浓度会降低，复合驱溶液会首先启动孔隙中的小油滴。随着复合驱替的进行，复合驱黏度增大使驱替时的压差增大，克服了部分毛细管力，将较细喉道中的剩余油驱出，增大了复合驱的波及面积，改善了绕流现象；复合驱溶液中的表面活性剂可以使剩余油与注入流体的界面张力大大降低，在充满化学剂的孔隙中，部分原油被乳化为小油滴，小油滴可以变形并顺利通过狭窄的喉道；在二元复合驱油压差不大于水驱油压差的条件下，由于剩余油和复合驱溶液之间的剪切应力大于油水之间的剪切应力，储存在大孔隙中的大油滴在复合驱溶液的作用下逐渐变形，在变形的过程中，化学剂通过对油的剪切拖拽作用从大油斑上剪切下来形成一个个小油滴，即复合驱溶液的剪切作用，复合驱溶液夹带着小油珠将其带走，通过喉道向前运移。

二元复合驱替亲水微观模型内剩余油的机理有以下三点：

（1）小油滴启动。当二元复合体系的前缘进入模型中时，复合体系与地层水汇合互溶，使复合体系前缘浓度降低，此时低浓度的复合体系前缘可使黏附在孔壁的小油滴重新运移，而大部分水驱剩余油仍滞留不动。由于复合驱可以使水驱无法采出的小油滴驱替出来，因此，复合驱可以提高洗油效率。

（2）剥蚀、乳化现象。当复合体系浓度进一步提高时，在模型中可以看到滞留的原油被剥蚀、乳化成小油珠，形成 O/W 型乳状液随着复合体系向前运移，此时驱油效果最好，也是复合体系驱油的主要阶段[37]。在表面活性剂的作用下大油滴与溶液的界面张力降低，油块容易变形，在复合驱溶液的剪切作用力下被拉长、剥离，之后被乳化。

（3）波及面积增大。随着复合体系注入量的增大，复合体系浓度逐渐增大，浓度的增大导致复合体系具有较大的驱动压差，从而可以波及水驱无法驱替的区域，狭长喉道中的油相在复合驱溶液的作用下被驱走。但是由于模型内孔隙的非均匀性，存在一些较狭窄的喉道，内部的水驱剩余油不易被驱替出来。

微观刻蚀模型在无碱二元体系驱替过程中残余油的分布如图 2-37 所示，可以看出，无碱二元体系的驱动方向是由右下角至左上角。其中，位置 1 处的小油滴在此处的喉道

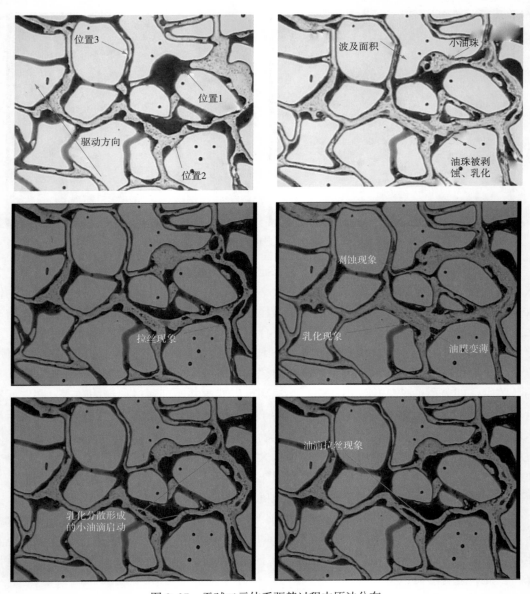

图 2-37　无碱二元体系驱替过程中原油分布

聚集成团，聚集压力，最终驱替出油。位置 2 在孔隙交汇处，该处的原油不断地被剥蚀、乳化，小油珠顺利通过喉道，化学剂携带着乳化的小油珠运移。在这种剥蚀、乳化作用下，在喉道处滞留的大油块部分被剥离，反复地进行这样的过程，最终，大油块逐渐地被驱替出来。在位置 3 处的狭长喉道，复合驱化学剂由于具有较大的驱动压差，可以波及水驱无法驱替的区域，图中狭长喉道中的油相在复合驱溶液的作用下被驱走。因此，二元复合驱可以到达水驱无法波及的喉道内，将内部的原油驱替出来，增大波及面积。

　　经过无碱二元体系的驱替后残余油的分布如图 2-38 所示，通过对复合驱前后的图像比较可以看出，与水驱相比，孔道中大部分原油被驱走，在乳化和增黏作用下，剩余油进一步变少。二元复合驱后模型内的剩余油比驱替前减少很多：在主流线区域内孔道中的大块剩余油被驱走，基本驱扫干净，在孔隙壁上留下少量油珠；在孔隙的连通处，即喉道仍残留部分剩余油。由于二元复合驱增大了波及面积，模型边缘一些孔隙中的剩余油也被驱替出来，但由于孔隙内有与之相连通的通道，不存在流体压差，因此驱扫效果不好。虽然二元复合驱在一定程度上可以增大波及面积，将部分狭窄喉道内的剩余油驱替出来，但是在一些非常狭窄的喉道中也有剩余油，由于喉道较小，存在贾敏效应，流动阻力很大，复合驱溶液及剩余油极难通过。在被狭窄的喉道包围的区域内，由于不能形成流动通道，内部的油相也成为剩余油。复合驱后剩余油主要以少量油珠的形式分布在孔隙的内壁上，非常狭窄的喉道内有油柱，盲端和模型的边缘也含有少量剩余油。

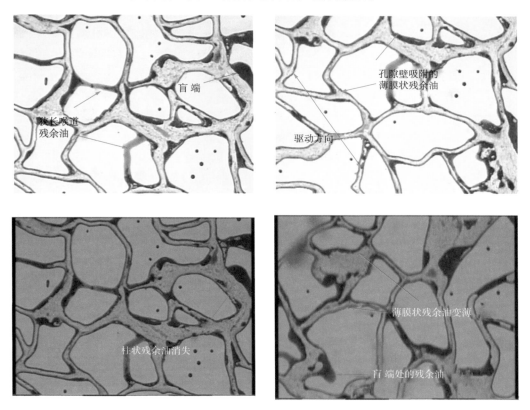

图 2-38　无碱二元体系驱替后残余油的分布

从剩余油的分布形式上来看，水驱后剩余油的含量比较多，不同位置处的剩余油容易相互连接在一起，水驱后孔隙边缘部位剩余油较多，以块状或柱状的形式存在；而复合驱后剩余油含量大大减少，相互连通的剩余油很少，剩余油的分布形态更加分散，孤立的大油滴、孔隙盲端等部位所占比例有所增加。

3. 弱碱三元复合驱油微观渗流机理

弱碱三元复合驱配方为溶液浓度 1.2% 的分析纯 Na_2CO_3、0.3% 的表面活性剂和分子量 2500×10^4 HPAM 的聚合物。表面活性剂与原油之间的界面张力达到了超低界面张力（10^{-2} mN/m），具有启动原油乳化的能力。下面从亲水模型来描述弱碱三元复合驱的微观渗流机理和复合驱后剩余油分布。

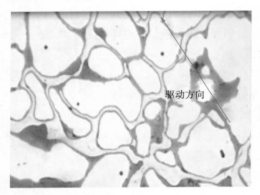

图 2-39　弱碱三元微观模型水驱后残余油分布图

微观刻蚀模型水驱后剩余油分布如图 2-39 所示，在图中可以看到水驱后的剩余油分布形态多样，主要分布在孔隙间的交汇处、部分较大的孔隙中、狭小的喉道和盲端内。由于注入水在孔道的流动过程中受到不均匀突进、流动不畅孔道和表面力的滞留、细孔喉卡断等作用的影响，在微观模型水驱油试验中可明显地看到存在大量的剩余油斑块。

当弱碱三元复合驱溶液进入孔隙中时，由于有碱的存在，原油分散更细一些，首先沿着孔隙的边缘进入充满水的较大的孔道中。加入的聚合物使流体黏度增大，波及体积增大，可以改善绕流现象。随着弱碱三元复合驱的进行，由于黏度增大，驱动压差增大，可以克服部分毛细管力，将较细喉道中的残余油驱出，在弱碱三元复合驱的前缘形成高含油富集带；由于表面活性剂的作用，水驱剩余油与注入流体的界面张力大大降低，在充满复合体系的孔隙中，小油滴可以变形，并顺利通过狭窄的喉道；在弱碱三元复合驱油压差不大于水驱油压差的条件下，由于剩余油和复合驱溶液之间的剪切应力大于油水之间的剪切应力，大孔隙中的大油滴在复合驱溶液的作用下逐渐变形，在变形的过程中，复合驱溶液通过对油的剪切拖拽作用从大油斑上剪切下来形成一个个小油滴，夹带着油珠将其带走，通过喉道向前运移，具有较强的携带油珠的能力[38]。

弱碱三元复合体系驱替微观模型内的剩余油时，概述为以下驱油机理：

（1）小油滴启动。当复合体系前缘进入模型时，复合体系与地层水汇合互溶，使复合体系前缘浓度降低，此时低浓度的复合体系前缘可使黏附在孔壁的小油滴重新运移，而大部分水驱剩余油仍滞留不动。由于复合驱可以使水驱无法采出的小油滴驱替出来，因此，复合驱可以提高洗油效率，从这一方面来说，复合驱具有提高采收率的能力。

（2）大油滴变形重新运移。随着复合体系注入量增大，复合体系浓度逐渐增大，这时大孔隙中的大油滴在低界面张力作用下逐渐变形，并随着复合体系通过喉道向前运移。在变形的过程中，有的油滴被拉成细长的油丝，有利于通过喉道向前运移，当油滴运移到较大孔隙后，与该孔隙内的油块聚并成较大的油团。

（3）剥蚀、乳化现象。当复合体系浓度进一步提高时，在模型中可以看到滞留的原油被剥蚀成小油滴，并进一步乳化成小油珠，形成 O/W 型乳状液随着复合体系向前运移，此时驱油效果最好，也是复合体系驱油的主要阶段。大油滴在表面活性剂的作用下界面张力降低，油块变形而被拉长，受到聚合物的剪切作用拉长部分被剥离、乳化。

微观刻蚀模型在弱碱三元体系驱替过程中原油的分布如图 2-40 所示。

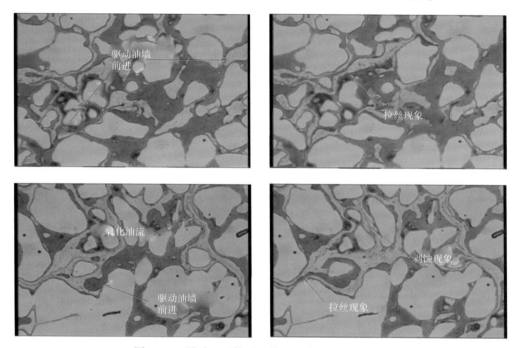

图 2-40　弱碱三元体系驱替过程中原油作用特征

弱碱三元体系驱替得更干净，剩余油非常少。可以看出，碱水的驱替方向由右上至左下。在图 2-40 中可以看到小油珠随着复合体系向前运移的过程。由于微观模型内孔隙的非均匀性，喉道大小不同，注入的复合体系首先会进入大孔道中，而小孔道没有复合驱溶液流过，即溶液存在着绕流现象。喉道 1 处属于小喉道，溶液绕流至左侧喉道 2，因此喉道 1 处残余油液没有多大变化。

大油滴在复合体系的驱动作用下向前运移，和前方的大油块汇集，两个油滴汇集的油块在复合体系的动力作用下，由于界面张力降低，可以看到大油块变形通过喉道。如果油块很大，喉道较窄，不能全部通过，在聚合物的剪切力作用下大油块前端的部分被剥离，被剥离的部分在复合体系的携带下穿过喉道，而此时油块变小，后续的油滴还会与该孔隙内的油汇集，复合体系继续驱动油块，在喉道处变形剥离，如此反复进行。在图 2-40 右图中可以明显地观察到油液在喉道 2 处聚集，但是无法全部通过喉道 2，因而在此处发生聚集变形。

在大油滴变形重新运移中提到过，大油块靠近喉道的部分变形，由于油块较大，压差无法使得油块一次性通过喉道，变形的部分受到剪切力被剥蚀为小油珠，小油珠顺利通过喉道。正是这种乳化、剥蚀作用，使无法通过喉道的大油块部分地剥离，反复地进行这样的过程，最终，大油块被驱替出来。经过此阶段驱替，复合体系所经过的孔道中剩余油很少。

经过弱碱三元体系驱替后残余油分布如图 2-41 所示。

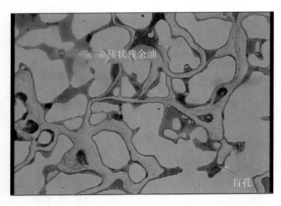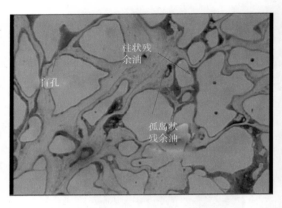

图 2-41　弱碱三元体系驱替后原油分布图

通过对比弱碱三元复合驱前后的图像可以看出，弱碱三元复合驱后剩余油比水驱后减少很多，孔道中的大块剩余油被驱走，基本驱扫干净，在孔隙壁上留下少量油膜。盲端和模型边缘的剩余油变化不大，由于没有与之相连通的孔隙，不存在流体压差，因此，驱扫效果不好。在一些非常狭窄的孔道中也有剩余油，由于喉道较小，存在贾敏效应，残余油极难通过。从剩余油的分布形式看，水驱后剩余油主要以柱状、网状的形式存在，而弱碱三元复合驱后剩余油的分布形态比较简单，主要以薄膜残余油、喉道残余油以及盲端为主，这主要是因为水驱后剩余油的含量比较多，不同位置处的剩余油容易相互连接在一起，而弱碱三元复合驱后剩余油含量大大减少，相互连通的剩余油很少。复合驱后剩余油主要以少量油膜和小油珠的形式分布在孔隙的内壁上，非常狭窄的喉道内有油柱，盲端和模型的边缘也含有剩余油。

4. 强碱三元复合驱油微观渗流机理

强碱三元复合驱配方为溶液浓度 1.2% 的分析纯 NaOH、0.3% 的表面活性剂和分子量 2500×10^4 HPAM 的聚合物。表面活性剂与原油之间的界面张力达到了超低界面张力（10^{-2} mN/m），具有启动原油乳化的能力。下面从亲水模型来描述强碱三元复合驱的微观渗流机理和复合驱后剩余油分布。

微观刻蚀模型水驱后剩余油分布如图 2-42 所示。在图中可以看到水驱后的剩余油分布形态多样，主要分布在孔隙间的交汇处、部分较大的孔隙中、狭小的喉道和盲端内。由于注入水在孔道的流动过程中受到不均匀突进、流动不畅孔道和表面力的滞留、细孔喉卡断等作用的影响，在微观模型水驱油试验中可明显地看到存在大量的剩余油斑块。

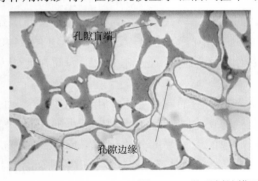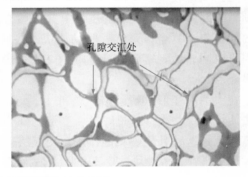

图 2-42　微观刻蚀模型水驱后残余油分布图

　　当强碱三元复合驱溶液进入孔隙中时，首先沿着孔隙的边缘进入充满水的较大的孔道中。加入的聚合物使流体黏度增大，波及体积增大，可以改善绕流现象。随着强碱三元复合驱的进行，由于黏度增大，驱动压差增大，可以克服部分毛管力，将较细喉道中的残余油驱出，在强碱三元复合驱的前缘形成高含油富集带；由于表面活性剂的作用，水驱剩余油与注入流体的界面张力大大降低，在充满复合体系的孔隙中，小油滴可以变形，并顺利通过狭窄的喉道；在强碱三元复合驱油压差不大于水驱油压差的条件下，由于剩余油和复合驱溶液之间的剪切应力大于油水之间的剪切应力，大孔隙中的大油滴在复合驱溶液的作用下逐渐变形，在变形的过程中，复合驱溶液通过对油的剪切拖拽作用从大油斑上剪切下来形成一个个小油滴，夹带着油珠将其带走，通过喉道向前运移，具有较强的携带油珠的能力。

　　强碱三元复合体系驱替微观模型内的剩余油时，概述为以下驱油机理：

　　（1）小油滴启动。当复合体系前缘进入模型时，复合体系与地层水汇合互溶，使复合体系前缘浓度降低，此时低浓度的复合体系前缘可使黏附在孔壁的小油滴重新运移，而大部分水驱剩余油仍滞留不动。由于复合驱可以使水驱无法采出的小油滴驱替出来，因此，复合驱可以提高洗油效率，从这一方面来说，复合驱具有提高采收率的能力。

　　（2）大油滴变形重新运移。随着复合体系注入量增大，复合体系浓度逐渐增大，这时大孔隙中的大油滴在低界面张力作用下逐渐变形，并随着复合体系通过喉道向前运移。在变形的过程中，有的油滴被拉成细长的油丝，有利于通过喉道向前运移，当油滴运移到较大孔隙后，与该孔隙内的油块聚并成较大的油团。

　　（3）剥蚀、乳化现象。当复合体系浓度进一步提高时，在模型中可以看到滞留的原油被剥蚀成小油滴，并进一步乳化成小油珠，形成 O/W 型乳状液随着复合体系向前运移，此时驱油效果最好，也是复合体系驱油的主要阶段。大油滴在表面活性剂的作用下界面张力降低，油块变形被拉长，受到聚合物的剪切作用拉长部分被剥离、乳化。

　　微观刻蚀模型在强碱三元体系驱替过程中原油的分布如图 2-43 所示。

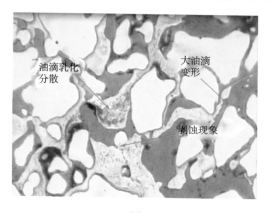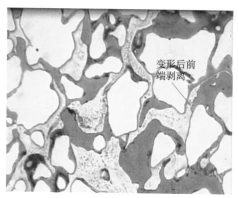

图 2-43　强碱三元体系驱替过程中原油的分布图

　　在图 2-43 右图中可以看到小油珠随着复合体系向前运移的过程。由于微观模型内孔隙的非均匀性，喉道大小不同，注入的复合体系首先会进入大孔道中，而小孔道没有复合驱溶液流过，即溶液存在着绕流现象。与主流道相垂直的小喉道内剩余油没有被驱替出来，由于这些小喉道的两端基本上都处于两条平行的主流道上，小喉道的两端压差很小，复合驱溶液无法在压力作用下进入这样的喉道中，因此，这类喉道的存在使得剩余油饱和度变大，这与砾岩孔隙的分布形态息息相关，孔隙的不规则性是影响驱替效果的一个重要因素。

大油滴在复合体系的驱动作用下向前运移，和前方的大油块汇集，两个油滴汇集的油块在复合体系的动力作用下，由于界面张力降低，可以看到大油块变形通过喉道。如果油块很大，喉道较窄，不能全部通过，在聚合物的剪切力作用下大油块前端的部分被剥离，被剥离的部分在复合体系的携带下穿过喉道，而此时油块变小，后续的油滴还会与该孔隙内的油汇集，复合体系继续驱动油块，在喉道处变形、剥离，如此反复进行。由于注入液中聚合物的存在增大了注入液的黏度，表面活性剂的存在使油滴容易变形，在复合体系的流动方向上被拉长成"细丝"，当"细丝"长到无法承受聚合物的剪切力时，油丝断裂，断裂的部分变为小油珠随着流体运移，这就是"拉丝"现象。

在复合驱替亲水微观模型内的剩余油时，模型内的乳状液均为 O/W 型乳状液，油珠大小不一。随着复合驱的进行，当油珠运移到喉道处时产生堆积，受到阻力流体流动速度减慢，油珠依次通过狭窄的喉道。油珠在运移的过程中，当遇到较大的静止的剩余油时，有的从岩石颗粒表面与油相的间隙中流过，有的油滴会与油相汇集，当油相的体积越来越大时，其下游方向的部分油会被乳化、剥离，生成小油珠随着流体移动。

经过强碱三元体系驱替后残余油分布如图 2-44 所示。

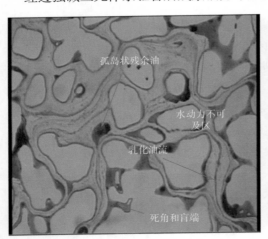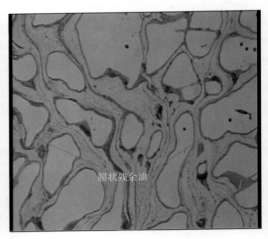

图 2-44　强碱三元体系驱替后残余油分布图

通过对比复合驱前后的图像可以看出，强碱三元复合驱后残余油比水驱后减少很多，主流孔道中的大块剩余油被驱走，基本驱扫干净，在孔隙壁上只有少量油膜残余。盲端和模型边缘的剩余油变化不大，由于没有与之相连通的孔隙，不存在流体压差，因此驱扫效果不好。在一些非常狭窄的孔道中也有剩余油，由于这些小喉道的两端基本上都处于两条平行的主流道上，小喉道的两端压差很小，强碱三元复合驱溶液无法在压力作用下进入这样的喉道中，因此这种孔道中残余油基本无变化。从剩余油的分布形式上来看，水驱后剩余油主要以网状、柱状的形式存在，而强碱三元复合驱后剩余油的分布形态比较简单，主要以喉道残余油及盲端为主。这主要是因为水驱后剩余油的含量比较多，不同位置处的剩余油容易相互连接在一起，而强碱三元复合驱后剩余油含量大大减少，相互连通的剩余油很少。非常狭窄的喉道内有油柱，盲端和模型的边缘也含有剩余油。

5. 不同乳化级别强碱复合驱微观渗流机理

在本实验中所使用复合驱体系为强碱三元乳化 5 级体系。界面张力测定已知，表面活性剂与原油之间的界面张力达到了超低界面张力，而且界面张力要低于强碱三元复合体系（10^{-2}mN/m），具有更强的启动原油乳化的能力。下面从亲水模型来描述强碱三元复合驱的微观渗流机理和复合驱后剩余油分布。

微观刻蚀模型水驱后剩余油分布如图 2-45 所示，在图中可以看到水驱后的剩余油分布形态多样，主要分布在孔隙间的交汇处、部分较大的孔隙中、狭小的喉道和盲端内。由于注入水在孔道的流动过程中受到不均匀突进、流动不畅孔道和表面力的滞留、细孔喉卡断等作用的影响，在微观模型水驱油试验中可明显地看到存在大量的剩余油斑块。

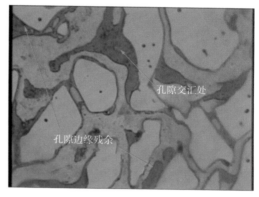

图 2-45 水驱油后剩余油分布特征

当强碱三元乳化 5 级复合驱溶液进入孔隙中时，首先沿着孔隙的边缘进入充满水的较大的孔道中。加入的聚合物使流体黏度增大，波及体积增大，可以改善绕流现象。随着强碱三元乳化 5 级复合驱的进行，由于黏度增大，驱动压差增大，可以克服部分毛细管压力，将较细喉道中的残余油驱出，在强碱三元乳化 5 级复合驱的前缘形成高含油富集带；由于表面活性剂的作用，水驱剩余油与注入流体的界面张力大大降低，在充满复合体系的孔隙中，小油滴可以变形，并顺利通过狭窄的喉道；在强碱三元复合驱油压差不大于水驱油压差的条件下，由于剩余油和复合驱溶液之间的剪切应力大于油水之间的剪切应力，大孔隙中的大油滴在复合驱溶液的作用下逐渐变形，在变形的过程中，复合驱溶液通过对油的剪切拖拽作用从大油斑上剪切下来形成一个个小油滴，夹带着油珠将其带走，通过喉道向前运移，具有较强的携带油珠的能力。

综上所述，强碱三元乳化 5 级复合体系驱替微观模型内的剩余油时，概述为以下驱油机理：

（1）小油滴启动。当复合体系前缘进入模型时，复合体系与地层水汇合互溶，使复合体系前缘浓度降低，此时低浓度的复合体系前缘可使黏附在孔壁的小油滴重新运移，而大部分水驱剩余油仍滞留不动。由于复合驱可以使水驱无法采出的小油滴驱替出来，因此，复合驱可以提高洗油效率，从这一方面来说，复合驱具有提高采收率的能力。

（2）大油滴变形重新运移。随着复合体系注入量增大，复合体系浓度逐渐增大，这时大孔隙中的大油滴在低界面张力作用下逐渐变形，并随着复合体系通过喉道向前运移。在变形的过程中，有的油滴被拉成细长的油丝，有利于通过喉道向前运移，当油滴运移到较大孔隙后，与该孔隙内的油块聚并成较大的油团。

（3）超强剥蚀、乳化现象。当复合体系浓度进一步提高时，在模型中可以看到滞留的原油被剥蚀成小油滴，并进一步乳化成小油珠，形成 O/W 型乳状液随着复合体系向前运移，此时驱油效果最好，也是复合体系驱油的主要阶段。大油滴在表面活性剂的作用下界面张力降低，油块变形而被拉长，受到聚合物的剪切作用拉长部分被剥离、乳化。

微观刻蚀模型在强碱三元体系驱替过程中原油的分布如图 2-46 所示。

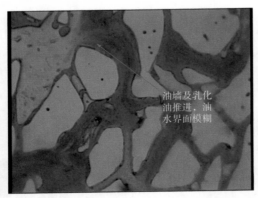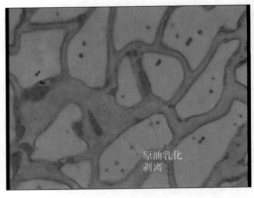

图 2-46　强碱三元乳化 5 级体系驱替过程中原油的分布图

　　随着复合体系向前运移，柱状残余油开始启动，原先水驱剩余油沿着驱替方向开始变形，类似于强碱三元驱替体系，小油滴在复合体系的驱动作用下向前运移，和前方的大油块汇集形成大的油驱，并在复合体系的动力作用下，由于界面张力降低，可以看到大油块变形通过喉道。如果油块很大，喉道较窄，不能全部通过，在聚合物的剪切力作用下大油块前端的部分被剥离，被剥离的部分在复合体系的携带下穿过喉道，而此时油块变小，后续的油滴还会与该孔隙内的油汇集，复合体系继续驱动油块，在喉道处变形剥离，如此反复进行。由于注入液中聚合物的存在增大了注入液的黏度，表面活性剂的存在使油滴容易变形，在复合体系的流动方向上被拉长成"细丝"，当"细丝"长到无法承受聚合物的剪切力时，油丝断裂，断裂的部分变为小油珠随着流体运移。不同于强碱三元体系，强碱三元乳化 5 级体系驱替过程中在油墙前端能见到明显的大片乳化油的运移。说明在该体系的驱替过程中，有大片的残余油能够形成乳化油，乳化作用明显强于强碱三元体系。

　　在复合驱替亲水微观模型内的剩余油时，模型内的剩余小油滴虽然大小不一，随着复合驱的进行，小油滴会逐渐变小，说明即便由于其他因素不能被驱替的残余油，只要接触到复合驱替体系，表面的原油就能发生乳化，进一步被剥离下来[39]。

　　经过强碱三元乳化 5 级体系驱替后残余油分布如图 2-47 所示。

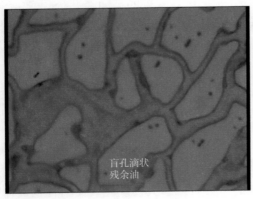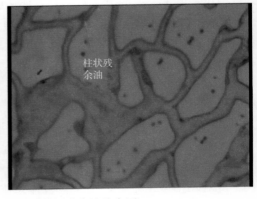

图 2-47　强碱三元乳化 5 级体系驱替后残余油分布图

通过对比复合驱前后的图像可以看出，强碱三元乳化 5 级复合驱后残余油比水驱后减少很多，主流孔道中的大块剩余油被驱走，基本驱扫干净，在孔隙壁上只有少量油膜残余。从剩余油的分布形式上来看，水驱后剩余油主要以网状、柱状的形式存在，而复合驱后剩余油的分布形态比较简单，主要以喉道残余油以及盲端为主，而且剩余油量极少。这主要是强碱三元乳化 5 级体系加强了乳化能力，使残余油接触到复合体系后，表面原油能轻易被乳化下来，一层一层地剥离。

第四节　复合体系性能与驱油效率量化关系

复合体系涉及碱、表面活性剂、聚合物等多种组分，作用机理复杂、影响因素众多。在原有复合体系界面张力、乳化和吸附等各性能定性研究的基础上，进一步量化了复合体系中表面活性剂结构、界面张力性能、乳化性能和吸附性能与驱油效率的关系。

一、分子结构对界面聚集行为和界面特性的影响

界面的黏弹性质也称作界面的流变性质，是界面重要的动态特征。与体相的流变性质相似，界面流变所研究的是界面应力张量与界面形变及界面形变速率张量之间的关系。根据形变的方式不同，界面流变可分为两种类型，即界面剪切流变和界面扩张流变[40]。其中剪切形变指的是界面形状发生变化，但面积不发生改变的形变；扩张形变指的是界面面积发生变化，而形状不发生变化的形变。当界面受到周期性压缩和扩张时，界面张力也随之发生周期性变化，扩张模量定义为界面张力变化与相对界面面积变化的比值，即：

$$\varepsilon = dA/d\ln \gamma \tag{2-2}$$

式中　γ——界面张力，mN/m；

　　　A——界面面积，m^2。

因此，界面扩张黏弹性测量的关键因素是界面的形变和界面张力的测量。

表面活性剂在水溶液中聚集行为的研究方法。由于表面活性剂的双亲结构特点，其会在溶液中发生聚集行为，阐明表面活性剂在油水界面的聚集行为，对于其在驱油体系中发挥的实际作用以及驱油机理的认识具有本质意义。传统的研究方法主要考察电导、黏度、表面张力等。随着科学技术的不断进步，出现了许多新的研究方法，使该领域的研究逐渐由宏观向微观迈进，从经验规律的总结发展到分子水平的研究。近年来，荧光、动态光散射以及透射电子显微镜技术已经广泛应用于研究表面活性剂聚集行为及其与表面活性剂的相互作用，具有适用范围广、提供信息量大等诸多优点，逐渐引起了科研工作者的重视。荧光技术可以提供一种化合物或一个探针分子所处微环境极性的信息，动态光散射技术可以检测出体系中粒子弛豫时间的分布情况，透射电子显微镜技术则可以直接对样品的形貌进行观察。各种测试手段的联合使用能够提供大量的像聚集浓度、聚集体尺寸、聚集体形貌等重要信息。

1. 密度分布

因为表面活性剂分子的两亲性，其在油水界面吸附形成有序的单分子层，极性基团插入水相，烷烃链则因为疏水相互作用伸向油相中。通过密度分布剖面图可以清晰地反映界面吸附单分子层的结构。将表面活性剂分子分为柔性的烷烃链、刚性的苯环和亲水的极性基团（磺酸根）三部分，并分别统计模拟达到平衡后，不同组分以及基团的在 Z 方向（油

水界面法线）上的密度分布，以期得到界面吸附单分子层的结构信息。从图 2-48 中可以看出，表面活性剂分子的亲水基团（—SO_3^-）与水结合最靠近水相，而疏水的烷烃链则位于油相。此外，各基团的分布区域存在明显的交叉现象，这意味着表面活性剂分子因较强的分子间相互作用以及与其他组分之间的相互作用，并不完全处于同一平面，即表面活性剂在分子水平上并不是有序结构。另外，直链表面活性剂（i, j=0, 11）（i, j 分别为表面活性剂两个支链的碳数）和支链表面活性剂（i, j=3, 8）（i, j=5, 6）的密度分布图具有很明显的差异，（0, 11）体系的油分子在界面分布受到表面活性剂烷烃链的影响较大，分布不均匀，并且苯环的分布相较于其他两个体系明显更靠近水相，然而苯环为疏水结构，越靠近水相，表面活性剂单层膜越不稳定。

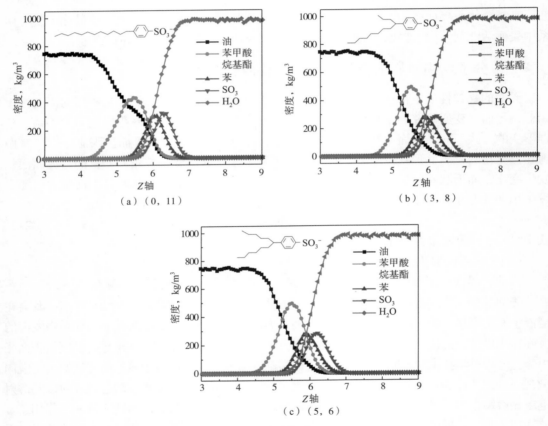

图 2-48　模拟体系中不同组分和基团的密度分布

2. 表面活性剂聚集结构

对表面活性剂分子刚性基团之间的径向分布函数（图 2-49）进行分析，以期获得一些微观结构，统计数据取自模拟的最后 1ns。苯磺酸基团之间的径向分布函数在 0.4~0.6nm 区间内出现了多个尖锐的峰，而 π—π 堆积结构的特征峰正是处于这一区域范围内，这说明苯磺酸基团之间存在很强且很复杂的相互作用。苯磺酸基团包含多种原子，并且由于多个带负电荷的氧原子的存在，磺酸根之间存在较强的静电排斥作用，通过计算得到了苯硫基团、苯环之间的径向分布函数。

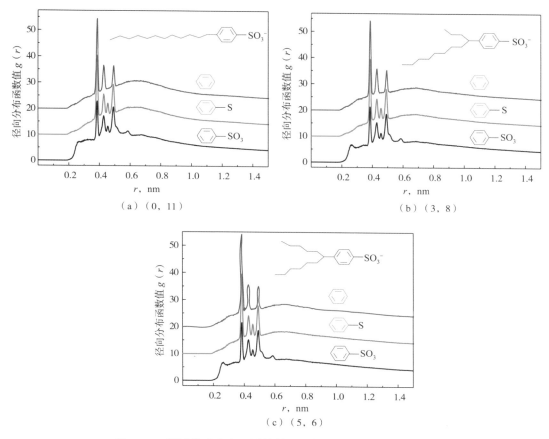

图 2-49 模拟体系中表面活性剂刚性部分之间的径向分布函数

苯硫基团与苯磺酸基团之间的径向分布函数相比缺少了 0.25~0.4nm 范围内的相对值比较小的平台和 0.6nm 处的峰，这说明此平台区域和 0.6nm 处的峰是磺酸根中氧原子之间相互作用产生的。由于氧原子之间存在较强的静电排斥作用很难靠近，所以在较近的范围只出现了相对值较小的平台，而在 0.6nm 处则是明显的尖峰，相距 0.6nm 的两个氧原子之间足以容纳一个钠离子或者水分子，以形成盐桥或水桥结构，从而屏蔽静电排斥，有利于表面活性剂单分子膜稳定存在于界面。

将硫原子从基团中拆分出来，单纯研究苯环之间的径向分布函数。苯环之间的径向分布函数呈现出 3 个尖峰和 1 个鼓包，根据文献对含芳香基团的分子之间相互作用分析，3 个尖峰位于平面 π—π 共轭作用范围区域，鼓包处于 T 型共轭结构作用范围，但是因为分子结构中只含有 1 个苯环，T 型共轭作用非常微弱，不能出现尖峰，只呈现出一个大范围的鼓包。与比苯硫基团相比，苯环之间的径向分布函数缺少了第三个峰，这说明苯硫基团径向分布函数中第三个峰是硫原子之间相互作用的结果。

为了直观体现 π—π 堆积结构，从模拟最终构型中选出 π—π 堆积结构的表面活性剂分子，图 2-50（a）为面对面的平面 π—π 共轭，图 2-50（b）为肩对面的 T 型π—π 共轭。相对而言，平面型的 π—π 共轭结构分子间相互作用更强，分子堆积更稳定。

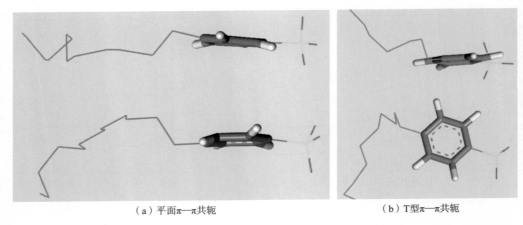

（a）平面π—π共轭　　　　　　（b）T型π—π共轭

图 2-50　不同类型的 π—π 堆积结构

3. 极性基团水化层结构

表面活性剂极性基团中的氧原子与水分子之间能够形成较强的氢键，将水分子束缚在其周围，形成水化层结构，进而防止无机盐离子在其周围吸附或聚集，提升表面活性剂分子的耐盐能力，即极性基团结合的水分子越多、氢键越强，则其水化层结构越稳定，表现出的耐盐能力更强。在磺酸根上氧原子周围水分子中的氢原子配位数（图 2-51）结果表明，支链烷基苯磺酸的极性基团周围结合的水分子更多，即磺酸根与水的作用更强，0.2~0.3nm 区域内的平台表示此范围内形成了水化层结构，能够有效屏蔽磺酸根之间较强的静电排斥作用，使分子间排列更紧密有序，从而助于表面活性剂单层膜结构的稳定。

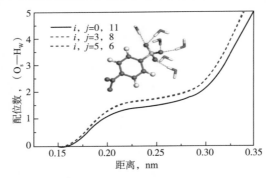

图 2-51　氧原子（磺酸根）周围的氢原子（水分子）配位数—距离曲线

径向分布函数表示特定粒子周围距离 r 处出现另外一个粒子的概率，能够反映出溶液中粒子之间的结构信息。统计了极性基团周围水分子（图 2-52）和钠离子（图 2-53）的径向分布函数，期望对水化层结构有更深入的了解。极性基团中氧原子与水分子中氢原子的径向分布函数中可第一个峰位于 0.176nm 处，第二、第三个峰的距离很接近，分别位于0.323nm 和 0.401nm 处，根据水分子结构，可知第二个峰为第一水化层中水分子的外侧氢原子，第三个峰为第二水化层的内侧氢原子。而与氧原子之间的径向分布函数中的前两个峰分别位于 0.274nm 和 0.498nm 处，依次为第一水化层和第二水化层水分子中氧原子的位置。极性基团中氧原子与钠离子的径向分布函数第一个峰位于 0.232nm 处，这说明第一配位层内既有水分子，同时也存在钠离子。

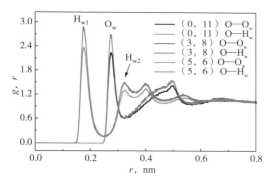

图 2-52 极性基团中氧原子与水分子中不同类型
原子间的径向分布函数

O—极性基团中氧原子；H_w—水分子中氢原子；O_w—水分子中
氧原子

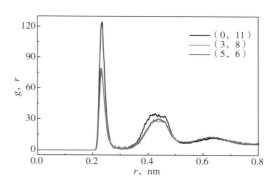

图 2-53 极性基团中氧原子与钠离子之间的径向
分布函数

通过径向分布函数中各个原子之间的位置关系可以得到表面活性剂分子和水分子之间的关系示意图（图 2-54），尤其对水化层结构有了更明确的认识。第一水化层内水分子通过氢键直接与极性基团中氧原子相互作用，受到的束缚作用最大，结构最稳定，第二水化层内的水分子则主要以氢键供体的方式与第一水化层内的水分子相互作用，形成氢键网络结构（图 2-55）。与此同时，侵入水化层结构内部的钠离子对水分子也具有极化作用，其通过静电相互作用使周围的水分子更有序，但是却不利于表面活性剂在采油过程中应用。

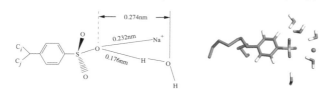

图 2-54 表面活性剂与水分子和钠离子之间的空间结构

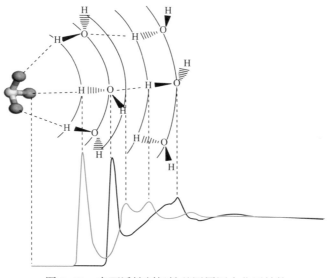

图 2-55 表面活性剂极性基团周围水化层结构

为了具体并定量地说明亲水基团中心原子对水化层分子的束缚作用，引入弛豫时间的概念。水分子在水化层内的弛豫时间越长说明中心原子对水分子的束缚越强，其表面结合的水分子也越稳定，不易逃离。弛豫时间通常由一个时间步长内仍然残留在该水化层内的水分子数的比例来决定，可通过时间自相关函数 $C_r(t)$ 计算得到：

$$C_r(t) = \frac{1}{N_W} \sum_{j=1}^{N_W} \frac{< P_{ij}(0) P_{ij}(t) >}{< P_{ij}(0) >^2} \qquad (2-3)$$

其中 P_{ij} 是一个二值算符，如果第 j 个水分子在 t 时刻时仍停留在该水化层内则 $P_{ij}(t_1) = 1$，否则 $P_{ij}(t_1) = 0$（图 2-56）。N_W 是水化层内的水分子数，<> 代表对整个系综的平均。从图 2-55 中可以发现，由于亲水基团对周围水分子的束缚作用不同，其自相关函数曲线随时间衰减快慢也不同，其中（5，6）衰减最缓慢（图 2-57），即其对极性基团周围的水分子束缚作用更强，水化层结构更加稳定。

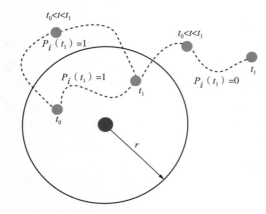

图 2-56　亲水基团周围水化层内水分子的弛豫时间

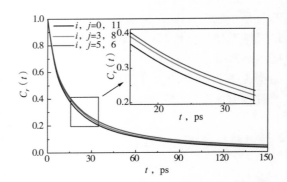

图 2-57　亲水基团周围水分子的自相关函数

弛豫时间计算方法示意图，若水分子在 t_0 和 t_1 时刻均停留在初始水化层内，则 $P_i(t_1) = 1$，而与 $t_0 \sim t_1$ 时间段内水分子停留位置无关。

对极性基团与水分子之间形成的氢键进行了详细统计，计算过程中，首先对氢键的几何学关系进行定义，设定形成氢键的条件为：氢键供体氧与受体之间的距离不大于 0.35nm，且以氢键供体氧为顶角形成的角度不大于 30°（图 2-58），统计结果见表 2-5。从统计结果可以看出，表面活性剂（3，8）和（5，6）与水分子之间形成的氢键较多，且氢键寿命更长，这说明支链表面活性剂极性基团周围水分子受到的束缚作用更强，形成的水化层更稳定。

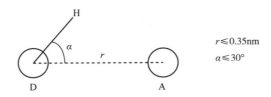

图 2-58　模拟过程中氢键几何关系示意图

表 2-5　表面活性剂极性基团与水分子之间形成的氢键信息统计

体系	氢键数	氢键寿命，ps
i, j=0，11	4.2	10.96
i, j=3，8	5.0	11.65
i, j=5，6	5.0	11.86

表面活性剂分子极性基团带负电荷，与体系中的钠离子之间存在很强的静电相互作用，钠离子很容易在表面活性剂单层膜表面富集，进而对表面活性造成影响。所以，对磺酸根上氧原子周围钠离子的配位数也进行了统计（图 2-59），结果表明，直链表面活性剂分子结合的钠离子更多，耐盐性能较差。此外，对于水分子而言，由于含有两个氢键供体，因而不同的表面活性剂可通过与同一个钠离子或者水分子借助静电或者氢键相连接，形成的桥联结构称为盐桥和水桥结构，盐桥和水桥结构均可屏蔽极性基团之间的静电排斥，使聚集体稳定存在[41]。

相对于径向分布函数的数据曲线，空间分布函数可以直观地表示不同分子或者基团之间作用的位置和形式。针对不同结构的表面活性剂体系，研究了极性基团与水分子和钠离子的作用位点，并随机选择了体系中极性基团与无极阳离子的构型进行分析讨论（图 2-60）。从空间分布函数图（图 2-61、图 2-63、图 2-65）中可以看出，水分子在磺酸根中的氧原子周围呈环状分布，而钠离则位于 S—O 键方向上，这也说明在形成盐桥时（图 2-60），钠离子更倾向于形成 1∶1 型，即一个钠离子直接与极性基团中一个氧原子配位，通过对 3 个体系对比不难发现，直链表面活性剂分子中，钠离子占据的空间位置更大，结果与配位数一致，且更加直观。

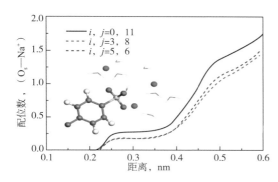

图 2-59　氧原子（磺酸根）周围的钠离子
　　　　　配位数—距离曲线

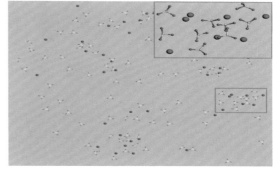

图 2-60　钠离子与极性基团之间的盐桥结构

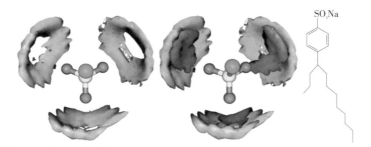

图 2-61　（0，11）体系中极性基团周围水分子和钠离子的空间分布函数

青色为水分子中的氧原子分布区域，紫红色为钠离子分布区域

为了体现表面活性剂分子之间相互作用情况，对其进行了拆分，分为磺酸基、苯环和烷烃链 3 部分，分别计算了不同基团之间的相互作用（图 2-62、图 2-64 和图 2-66）。其中，烷烃链之间的范德华相互作用是稳定单分子膜的主要原因，支链表面活性剂烷烃链之间的非键相互作用在模拟初期具有明显的变化过程，其中（5，6）平衡时间最长，大约需要 3ns，这说明其烷烃链之间聚集形态较复杂，而磺酸基之间较强的静电排斥则不利于膜的稳定。

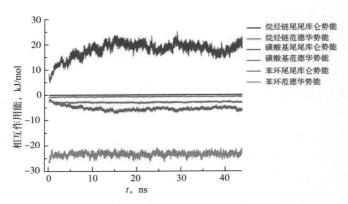

图 2-62 （0，11）体系中表面活性剂分子不同基团之间的非键相互作用随模拟时间变化曲线

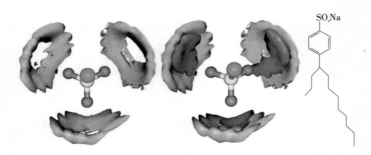

图 2-63 （3，8）体系中极性基团周围水分子和钠离子的空间分布函数

青色为水分子分布区域，紫红色为钠离子分布区域

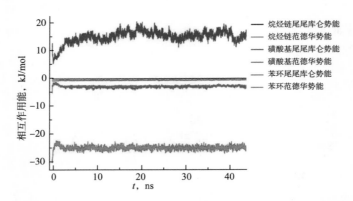

图 2-64 （3，8）体系中表面活性剂分子不同基团之间的非键相互作用随模拟时间变化曲线

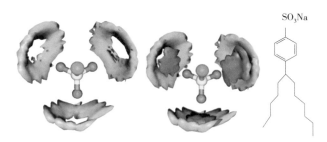

图 2-65 （5，6）体系中极性基团周围水分子和钠离子的空间分布函数

青色为水分子分布区域，紫红色为钠离子分布区域

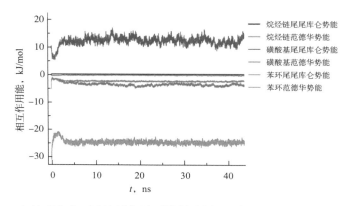

图 2-66 （5，6）体系中表面活性剂分子不同基团之间的非键相互作用随模拟时间变化曲线

表面活性剂分子极性基团中的氧原子带负电荷，虽然其周围形成的水化层结构以及结合的无机阳离子能够屏蔽静电排斥作用，但是通过相互作用能随时间变化曲线（图 2-67）可以看出，极性基团之间仍然存在很强的静电排斥能。结算结果表明，极性基团之间的静电排斥作用以（5，6）最弱，（0，11）最强，这主要得益于极性基团周围水化层结构的屏蔽作用。因为水分子体积比 Na^+ 大，水分子与极性基团之间形成水桥结构距离比盐桥结构远，所以具有更好的屏蔽极性基团之间静电排斥作用的能力[42]。

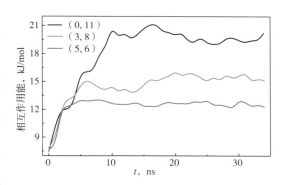

图 2-67 不同结构表面活性剂分子极性基团之间的静电排斥作用能随模拟时间变化曲线

4. 单分子吸附形态

表面活性剂在油水界面吸附聚集，因其双亲的特性，疏水部分伸向油相，亲水部分则分布于水相，最终在界面处形成有序排列的单层膜，表面活性剂在界面排布越有序，则说明其表面活性越强。研究体系所选择的烷基苯磺酸阴离子包含柔性的烷烃链和刚性的苯磺基，因为烷烃链在模拟过程中会由于分子间相互作用产生弯曲和缠绕，导致很明显的形变，而苯磺基则表现出一定的刚性，不会产生太大形变，所以，为了

计算表面活性剂在油水界面的排布情况，定义磺酸根对位的碳原子到硫原子之间的向量与油水界面法线之间的夹角为 θ，对其做正态分布（图2-68），（0，11）角度最大，（5，6）角度最小。

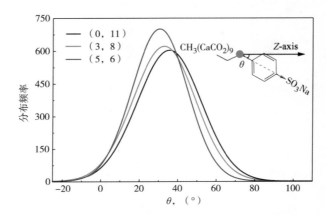

图2-68　表面活性剂分子角度分布示意图及分布曲线

为了得到进一步信息，对角度分布进行了更详细的统计分析（表2-6），由表2-6可知，苯磺酸基团越靠近烷烃链的中间，表面活性剂分子与油水界面法线之间的夹角越小，分布也更集中，这表明表面活性剂分子排布取向性更强，即表面活性也越强。统计结果表明，表面活性剂（5，6）与油水界面法线之间的夹角最小，且角度分布更集中。

表2-6　θ 角度分布信息统计

体系	角度，(°)	半峰宽 $Y/2$
（0，11）	35.4	39.3
（3，8）	32.7	38.3
（5，6）	30.4	33.9

5. 动态界面张力

由图2-69可知，3种十二烷基苯磺酸钠达到油水界面张力平衡时所用的时间随浓度的增大而降低。在浓度都为0.001%的情况下，支链十二烷基苯磺酸钠的界面张力值要低于直链十二烷基苯磺酸钠，原因是支链比直链更耐盐。其中支链（i，j=5，6）降低油水界面张力的效果最好。表明该表面活性剂降低表面张力的能力和效率最大。这是因为随着分子结构的变化，表面活性剂分子对称性提高，暴露在最外表面层的甲基数目增加，由于亚甲基的表面能高于甲基，所以界面张力降低。

由图2-70可知，相比于直链表面活性剂分子，支链烷基苯磺酸盐到达平衡时的界面张力更低，降低油水界面张力效果更好，其中支链（5，6）效果最好；另外，链长的增多以及分子间的缠绕、阻挠导致支链（5，6）表面活性剂分子扩散速度降低，因此到达平衡时间增长。

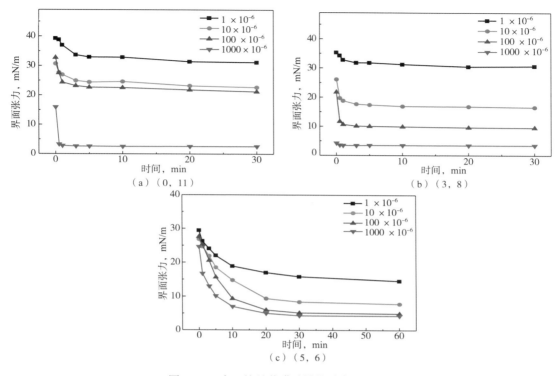

图 2-69　十二烷基苯磺酸钠的动态界面张力

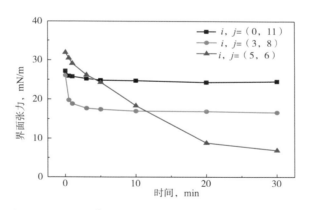

图 2-70　10×10^{-6} 十二烷基苯磺酸钠界面张力随时间变化

6. 浓度对不同烷基苯磺酸盐扩张模量的影响

由于研究的烷基苯磺酸钠均为低分子量表面活性剂，扩散交换能力随体相浓度增大而大大增强，因而在低于临界胶束浓度时，扩张模量就达到了极大值，其扩张模量均在 10mN/m 数量级。三种烷基苯磺酸钠扩张模量随浓度的增大均达到一个极大值，支链（5，6）扩张模量均大于另外两种分子，说明支链（5，6）在界面上分子间的相互作用最大；达到极大值后，支链（5，6）的扩张模量下降得最缓慢，（3，8）次之，（0，11）下降得最快（图 2-71），表明在较高浓度时，支链（5，6）因烷烃链的互相缠绕降低了表面活性剂从分子体相到界面的扩散作用，导致模量较高。

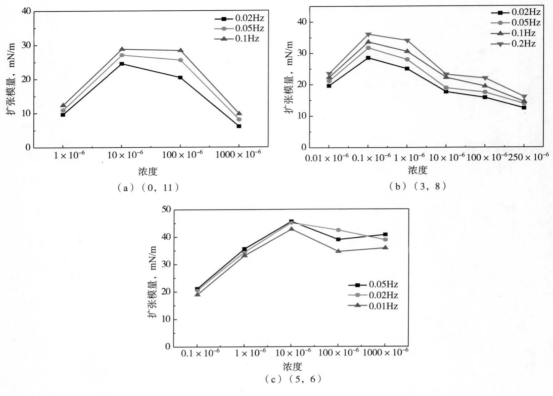

图 2-71　不同浓度十二烷基苯磺酸钠对扩张模量的影响

7. 频率对烷基苯磺酸盐模量的影响

由图 2-72 可知，表面活性剂浓度不同，体系的扩张模量对频率的依赖关系具有明显的差异。实验结果表明，当体系中表面活性剂浓度较低时，扩张模量随扩张频率的变化较小，这意味着界面面积变化的快慢对界面张力改变影响不大，说明此时在界面上起主导作用的弛豫过程较慢，其特征时间远远慢于实验周期，界面吸附膜的弹性较强。显然，扩张频率越大，给予被扰动的界面吸附膜通过扩散交换等弛豫过程重新恢复平衡的时间越短，扩张模量增大。三种烷基苯磺酸盐的油水界面扩张模量均随频率的增加而增加。这是因为当频率较低时，界面形变速度较慢，表面活性剂分子有足够的时间从体相扩散到新的界面来修复由于界面面积变化导致的界面张力梯度。当频率继续增加时，界面形变速度较快，表面活性剂分子来不及修复界面张力梯度从而使界面扩张模量增加。

8. 浓度对烷基苯磺酸盐相角的影响

相角反映了界面黏性部分和弹性部分的比值。对于三种烷基苯磺酸钠来讲，浓度较低时，扩散交换过程贡献较小，相角较低，界面膜以弹性为主；随着浓度增大，黏性部分增大的幅度大于弹性部分，因而相角逐渐增大，界面膜黏性增强。另外，随着浓度的增大，支链（5，6）的相角增大幅度比较小，相比于其他两种保持在较低的水平（图 2-73），这说明在较高浓度下，支链（5，6）在油水界面形成的界面膜依然保持较好的弹性。

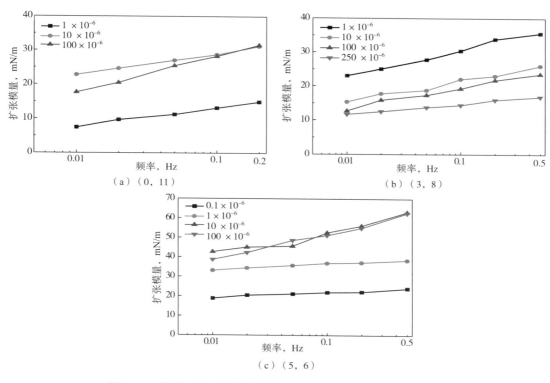

图2-72 频率对十二烷基苯磺酸钠形成的界面膜扩张模量的影响

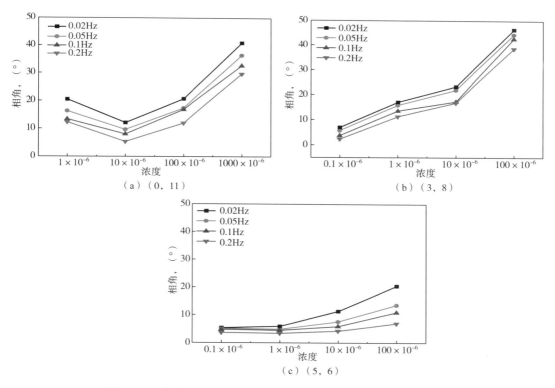

图2-73 浓度对十二烷基烷基苯磺酸钠形成的界面膜相角的影响

总体来看，分子对称性越高，即苯环越靠近烷烃链的中间位置，表面活性剂分子在油水界面形成的单分子膜越有序。此外，表面活性剂分子对称性越高，其极性基团周围结合的水分子越多，形成的水化层结构越稳定。

二、复合驱表面活性剂分子结构对驱油效率影响

采用分子动力学模拟油藏条件下微观驱油过程，从分子层面揭示表面活性剂分子结构对驱油效率的影响规律，为驱油用表面活性剂分子结构设计提供理论依据。

1. 油藏模型构建

1）液相模型构建

采用 Gaussview 软件构建模拟体系中的液体分子结构，然后通过 Gaussian（2016）对单分子结构进行优化。图 2-74 为表面活性剂分子结构。

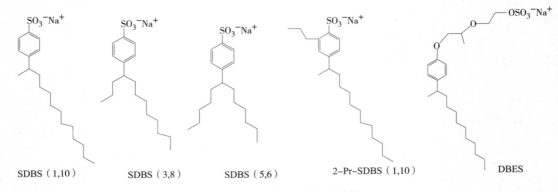

图 2-74　表面活性剂分子结构

组成油相的各组分相关分子结构如图 2-75 所示。油相组成比例为：辛烷：多芳基烃：胶质：沥青质 = 210 : 12 : 3 : 1（物质的量比）（各组分质量分数依次为：70.3%、22.3%、6.3%、1.1%）。按比例将所有油分子混合加入合适尺寸的立方盒子中。由于油分子采用随机加入的方法填充到盒子中，受限于范德华半径和单分子的几何构型，分子间空隙较大，导致体系密度远远小于实际油相密度。因此，需要借助于 NPT 系综分子动力学模拟的方法，使油相在三维方向上压缩聚集，直至体系密度与实际的油相密度相符。然而，此时的油相处于立方盒子中，所以呈现出一个立方块状油相，为了使接下来的模拟工作能够顺利进行，需要将油块置于水环境中进行 NPT 系综分子动力学模拟，由于界面张力的存在，油滴会逐渐自发收缩聚集，最终形成一个球形油滴（图 2-76），完成油相模型构建。

2）储层固相模型构建

鉴于大庆油田储层矿物以石英、长石和高岭石为主，二者的基本结构单位都是四面体，由 4 个氧原子围绕一个硅原子（或铝原子）构成，每一个这样的四面体都和另一个四面体共用一个氧原子，形成一种三维的骨架。因此，为简化模型、提高计算效率，选用二氧化硅固体模拟储层固相。首先从 Materials Studio 软件中构建 SiO_2 晶胞，对其扩大形成合适大小和厚度的固体平板，然后通过一系列复杂的软件操作，将晶胞为菱形立方的二氧化硅切割为需要的矩形固体表面，同时保证切割面暴露出的未饱和原子均为氧原子。最后用氢原子对二氧化硅表面进行饱和，构建亲水性储层表面。图 2-77 为处理后的亲水性二氧化硅表面。

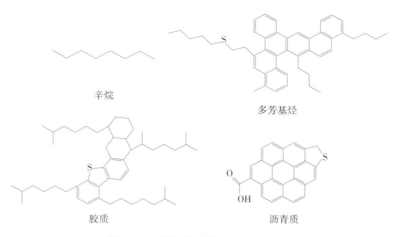

图 2-75 原油中关键组分分子结构

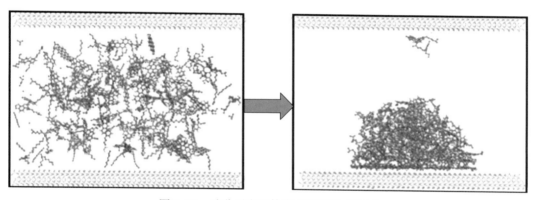

图 2-76 油分子在固体表面聚集形成油滴

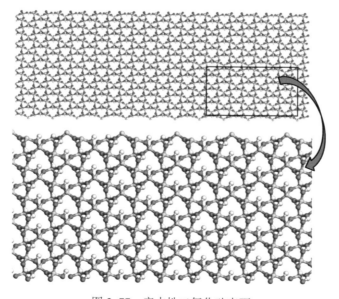

图 2-77 亲水性二氧化硅表面

通过确定二氧化硅固体中化学键键长、原子电荷数以及键连关系，编写 n2t 文件和 SiO₂ 预处理文件，通过 GROMACS 软件包获得 SiO_2 力场文件。

3）高压驱替模型构建

在储层中发生的驱替液驱替原油的过程是一个高压下的非平衡动态过程，模型构建难度极大。首先要提供一个推动水体流体的外力。文献调研发现，在实验上可以通过原子力显微镜（AFM）、光钳和生物膜力探针等技术对单个分子施加外力，以了解分子间结合特性以及它们对外界干扰的反应。受此实验的启发，在分子动力学模拟过程中通过施加一个外在的简谐势来模拟 AFM 的力探针在加速下随解离坐标的变化，就可以定性地分析水相与油相间的相互作用，通过所记录的力沿解离坐标的积分就可以定量地计算水相与油相间的结合能。其次要保持流动状态下的高压。将亲水的二氧化硅固体置于合适尺寸的盒子中，借用周期性边界条件使其呈现出上下两层结构，用以模拟储层孔隙。在二氧化硅孔隙两端分别增加两个没有任何非键相互作用参数的二氧化硅固体板，左侧的二氧化硅板为加压板，与二氧化硅缝隙应相隔一定距离，当对左边加压板施加外力，便会推动水相流动，用以模拟水流；右侧二氧化硅板为控压板，对其施加向右的外力，使其与加压板移动速度相同，保持体系中压力恒定。

2. 分子动力学模拟过程

在吸附油滴的岩石孔道中加入表面活性剂、聚合物、无机盐，用水填充。然后在常压环境中进行 NVT 系综分子动力学模拟（图 2-78），使体系达到平衡状态。此过程中，模拟体系发生的主要变化是：在分子间相互作用的驱动下，表面活性剂分子开始在油水界面进行吸附并定向排列，与此同时，体系中的无机盐离子会在静电作用下发生扩散或聚集，部分阳离子会与表面活性剂分子的极性基团结合。

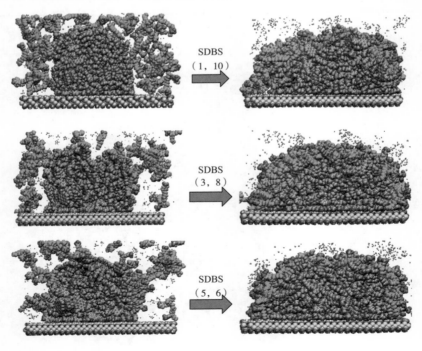

图 2-78　表面活性剂分子在原油表面吸附

当表面活性剂在油水界面吸附的 NVT 系综动力学模拟完成后，对所有体系进行扩大，并用水填充空隙，左右两端增加无力学参数的固体竖版。固定右侧控压板的同时对左侧加压板施加外力，对体系进行压缩（图 2-79），直至模拟体系中的压力达到真实的油藏环境压力水平。由于原油分子受到持续朝向一个驱替方向的外力作用，吸附在固体表面的油滴会发生形变，并逐渐从固体表面剥离或者断裂，进而在外力的作用下发生移动，最终达到驱替目的。

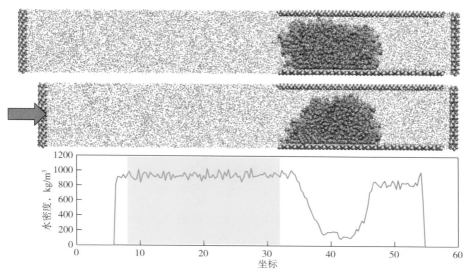

图 2-79　SDBS（3，8）体系增压过程及水相密度分布

3. 烷基链支化程度对驱油效率的影响

对不同结构表面活性剂驱油效率高低的判别，主要依据两方面，一是油滴是否从原始位置直接断开剥离（剥离所需时间和剥离油滴占油滴总量百分比均在考察范围之内）；二是在未剥离的体系中整体的形变。从各模拟体系在不同时刻的整体构型图中可以发现，无表面活性剂体系中油滴质心几乎没有发生位移，SDBS（1，10）体系中油滴发生了明显形变。当使用 SDBS（3，8）和 SDBS（5，6）表面活性剂时，部分油相组分被完全驱替，在水流作用下发生移动，导致油滴质心持续增加。结果表明：表面活性剂烷烃链支化程度对油滴的驱替有显著影响。在含有 SDBS（1，10）表面活性剂体系中油滴仍然全部吸附在二氧化硅表面，当选择烷烃链支化程度较高的 SDBS（3，8）和 SDBS（5，6）时，部分油滴被成功驱替，并且驱替率随支化程度的增加而增加（图 2-80）。

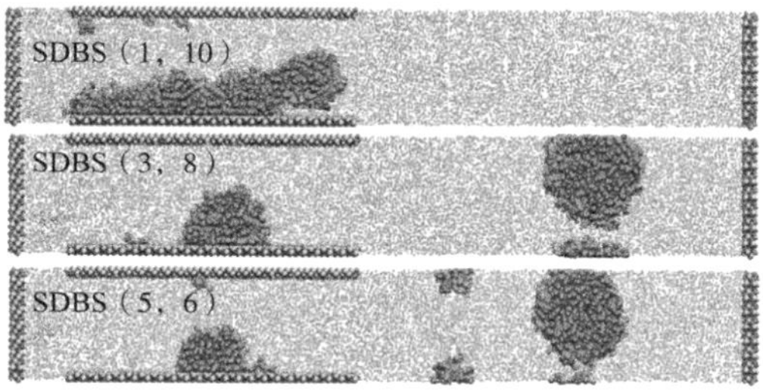

不同体系驱油效率统计

表面活性剂	时间，ns	驱替效率，%
SDBS（1，10）	—	—
SDBS（3，8）	15.2	63.23
SDBS（5，6）	14.3	70.88

图 2-80　三种表面活性剂体系驱油效果对比

为了深入分析表面活性剂分子结构对驱油效率影响的规律，首先通过空间分布函数对表面活性剂分子在油水界面的吸附状态进行直观分析。由于十二烷基苯磺酸钠分子的疏水基团体积较大，在油水界面吸附时，其对表面活性剂分子的吸附状态贡献也较大，因此，计算了不同支化程度的 SDBS 体系表面活性剂烷烃链周围油分子的空间分布函数（图 2-81）。从图 2-81 中可以看出，SDBS（1，10）体系中表面活性剂分子烷烃链完全处于油相中，分子结构中的苯环也与油分子能够直接接触，产生较强的相互作用。然而，支化程度较高的 SDBS（3，8）和 SDBS（5，6）体系则呈现出明显的差别，体系中表面活性剂分子受到平行排布于油水界面烷烃链的支撑作用，分子结构中的苯环基团完全处于水氛围中，表现出更强的亲水性。

（a）SDBS（1，10）　　　　　（b）SDBS（3，8）　　　　　（c）SDBS（5，6）

图 2-81　表面活性剂烷烃链周围油分子的空间分布函数

由于表面活性剂分子极性基团的强电负性，能够对其周围水分子产生极化作用，使水分子有序排列形成稳定的水化层结构，从而保护其免受无机盐阳离子的影响。表面活性剂分子与水分子的相互作用越强，形成的氢键越稳定，则其周围水化层结构也越稳定，对极性基团的保护作用也相应更强。从图 2-82 中可以看出，SDBS（1，10）体系中表面活性剂极性基团周围水分子形成 3 个环状结构，中间空洞非常明显，而支化程度较高的 SDBS（3，8）和 SDBS（5，6）体系极性基团周围水分子的分布则相对更密实，尤其在 SDBS（5，6）体系中，极性基团周围水分子中的氧原子基本填满了氢原子形成环心空洞，这表明该体系中表面活性剂分子极性基团周围形成的水化层结构更加有序，有效地保护了其避免受到无机阳离子的影响。

（a）SDBS（1，10）　　　　　（b）SDBS（3，8）　　　　　（c）SDBS（5，6）

图 2-82　表面活性剂极性基团周围水分子的空间分布函数

由于表面活性剂极性基团中包含 3 个氧原子，其带有大量负电荷，能够与水分子形成氢键网络状结构，这在驱油过程中发挥着非常重要的作用。从图 2-83 中可以看出，三种结构的表面活性剂与水分子之间形成的氢键数均随着模拟时间的延长而逐渐减少。这是因为初始构型中，表面活性剂分子吸附于呈半球形的油滴表面，此时体系处于平衡状态，表面活性剂与水分子之间形成的氢键结构较稳定，当对模拟体系施加外力后，体系平衡状态被打破，分子间的相对运动更加剧烈，部分氢键结构被破坏，导致氢键数随着模拟时间的延长而减少。统计结果表明，随着烷烃链支化程度的提高，表面活性剂与水分子形成的氢键数量也随之提高。

通过计算表面活性剂周围油相组分的径向分布函数以及离油相一定距离的表面活性剂数量（图 2-84），表明随着烷烃链支化程度升高，表面活性剂与油相组分相互作用减弱，导致极性基团暴露于水环境中。

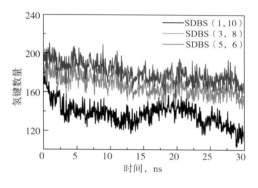

图 2-83　三种表面活性剂体系与水
形成氢键数量对比

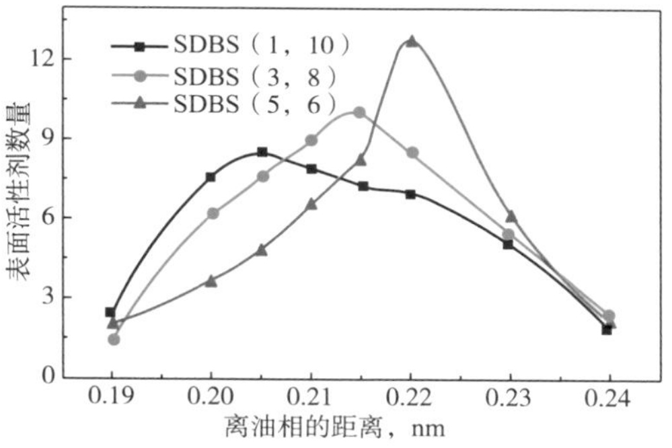

图 2-84　表面活性剂数量随油相距离的变化

烷烃链支化程度较高的表面活性剂分子更多的暴露在水环境中，从而增加了油滴表面表面活性剂吸附层的厚度，而表面活性剂吸附层厚度的增加，可有效提高其驱油效率（图 2-85）。

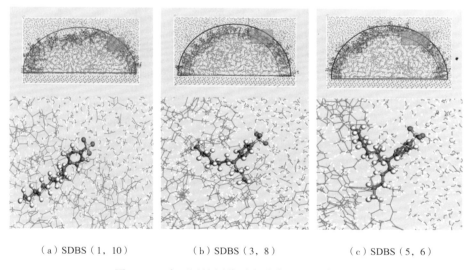

（a）SDBS（1，10）　　　　（b）SDBS（3，8）　　　　（c）SDBS（5，6）

图 2-85　表面活性剂分子在油水界面吸附形态

4. 苯环取代基对驱油效率的影响

为了充分探究表面活性剂分子结构对驱油效率的影响，根据烷基苯磺酸盐分子结构特点，基于苯环增加取代基进行展开。对 SDBS（1，10）分子的苯环增加丙基取代基，命名为 2-Pr-SDBS（1，10），充分考虑到研究结果的参考价值，模拟体系其他条件与上一部分内容完全相同。

为了更直观地展示驱油实验模拟过程，采用与之前同样的方法提取多个模拟时刻的体系构型快照（图2-86），结果显示，油滴在水流的作用下逐渐向前倾斜，并产生较大形变，形成一条沿着孔道方向的油带；随着驱油实验的进行，油带发生了断裂，小部分油分子脱离了油滴主体的束缚，由于受到吸附于其表面的表面活性剂分子的保护，并未发生二次吸附，直接被驱替出二氧化硅孔道。但是，仍然有大量油分子吸附于孔道中，由于受到水流的冲击，油滴在固体表面产生了铺展现象，与固体的接触面积有所增大。

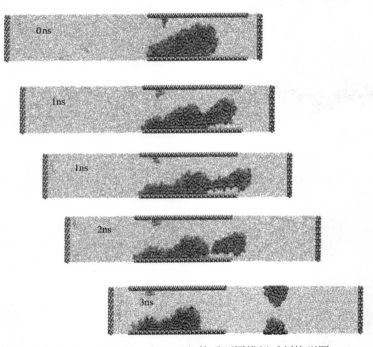

图2-86　2-Pr-SDBS（1，10）体系不同模拟时刻构型图

为了对比不同体系的驱替结果，非平衡分子动力学模拟实验完成后，绘制了2-Pr-SDBS（1，10）体系油分子沿孔道方向的密度分布曲线（图2-87）。通过对密度分布曲线进行积分计算得到各分布峰的面积，面积的大小充分代表所在区域油分子的含量。由于2-Pr-SDBS（1，10）体系初始构型中油滴的组成与之前的体系完全相同，所以，密度分布曲线可以直接作为驱油实验结果的参考依据。统计结果显示，经过30ns拉伸动力学模拟后，油分子主要分布于两个区域，初始位置的油滴向前发生了轻微的偏移，这是油滴形变导致的结果，此区域的油分子仍然吸附于二氧化硅孔道中。位于60~64nm处的分布峰则是被驱替出二氧化硅孔道的油分子所呈现的结果。其积分面积为1116.53，说明2-Pr-SDBS（1，10）体系的驱油率为31.17%，驱替效果并不理想，但是仍然优于SDBS（1，10）体系。

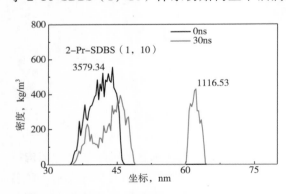

图2-87　模拟初始构型和最终构型中油分子密度分布曲线

从油分子的密度分布和质心位移曲线（图2-88）可以看出，SDBS（1，10）分子的苯环增加丙基取代后，驱油效果得到了明显提升。2-Pr-SDBS（1，10）体系的油滴质心位移随模拟时间变化曲线分为三段式，前15ns时间内，油滴持续发生形变，呈现在质心位移曲线中则是一段上升的曲线。当油滴形变成一条油带后，其质心不再随模拟时间的进行发生变化，在质心位移曲线中呈现出一段基本平行于时间轴的曲线。模拟达到20ns时，油带发生了断裂，脱离束缚的油分子随着水流向前移动，直至被驱替出二氧化硅孔道，此阶段内油滴质心位移随着模拟时间的进行再次呈现出一段上升的曲线。尽管驱油效率存在较大区别，但是，当对体系其他因素做进一步探索分析时，发现对体系所施加的外力随模拟时间变化曲线（图2-89）非常相似，这对驱油体系进一步分析提出了更高的要求。

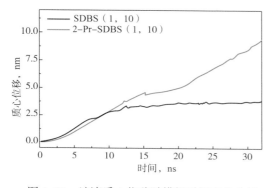
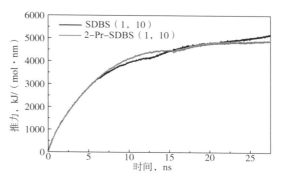

图2-88 油滴质心位移随模拟时间变化曲线 　　图2-89 施加外力随模拟时间变化曲线

通过计算表面活性剂分子与油分子的非键相互作用（图2-90）以及与水分子之间形成的氢键数随模拟时间变化曲线（图2-91）。2-Pr-SDBS（1，10）与SDBS（1，10）体系的表面活性剂与油分子之间的非键相互作用曲线随模拟时间变化曲线基本相似，但是，从模拟后期的平均值可以看出，2-Pr-SDBS（1，10）体系的非键相互作用强于SDBS（1，10），即2-Pr-SDBS（1，10）体现出更强的吸附能力，这主要是来自表面活性剂烷烃链和油分子的贡献，使得表面活性剂在带动油滴脱离的过程中表现出对油滴更大的牵引力。另一方面，从表面活性剂在油滴表面吸附状态的局部放大图（图2-92）可以看出，2-Pr-SDBS（1，10）体系中苯环上的烷基链在伸出水中的部分占据了较大的空间，这一部分产生的空间位阻让水流在左侧的推动作用更加明显，使得表面活性剂在带动油滴脱离的过程中对油滴具有更大的影响。从吸附平衡后的整体图上看，吸附在油滴表面的表面活性剂在油相与水相之间形成了覆盖层，而2-Pr-SDBS（1，10）体系中，由于疏水烷烃链的存在，表面活性剂分子形成的覆盖层更厚，这一现象更有利于水流对整个油滴的推动。结合这两点因素，2-Pr-SDBS（1，10）在油滴驱替中表现出较好的驱油性能。

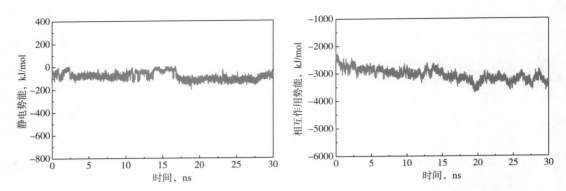

图 2-90　表面活性剂 2-Pr-SDBS（1，10）与油分子之间的非键相互作用随模拟时间变化曲线

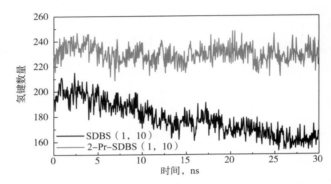

图 2-91　表面活性剂与水分子形成氢键数量随模拟时间变化曲线

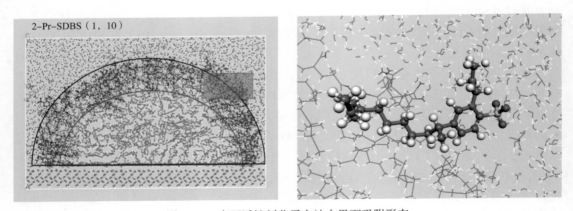

图 2-92　表面活性剂分子在油水界面吸附形态

　　通过对表面活性剂和水分子之间形成氢键数的统计发现，2-Pr-SDBS（1，10）体系形成的氢键数量较多，且在整个模拟过程中并无明显变化趋势，而 SDBS（1，10）体系则呈现出随着模拟的进行而减少的趋势。这说明 2-Pr-SDBS（1，10）不仅更容易与水分子形成氢键，而且受水流的影响更小。相互作用能越高表明两者更易结合形成氢键，表面活性剂分子极性基团与水分子能够形成氢键的结合位点中，处于相同结合位点的两个体系相互作用存在明显差别，苯环含有丙基取代的 2-Pr-SDBS（1，10）与水分子之间的相互作用更强（图 2-93 和表 2-7），证明其极性基团周围水分子形成的氢键结构更稳定，极化层

不易被破坏。在外力推动水分子定向移动的过程中，水分子能够对表面活性剂产生更强的牵引力，进而驱动油分子沿着二氧化硅孔道方向移动。

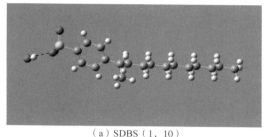 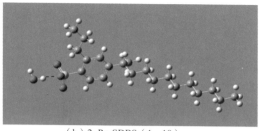

（a）SDBS（1，10）　　　　　　　　　　　　　　（b）2-Pr-SDBS（1，10）

图 2-93　DFT 计算表面活性剂与水分子相互作用能

表 2-7　表面活性剂分子与不同组分的非键相互作用能

表面活性剂	相互作用能，kJ/mol	
	水（单分子）	油（体系）
SDBS（1，10）	−79.7	−2955.6
2-Pr-SDBS（1，10）	−82.0	−3331.4

5. 烷氧基对驱油效率的影响

图 2-94 展示了 SDBS（1，10）和 DBES 驱油体系驱油过程的快照图片。可以发现，在驱替的最初阶段便有部分 DBES 分子从油滴表面脱附游离于水相中。在水流的驱动作用下，油滴逐渐产生形变成为一条油带，随着形变量的不断增加，最终油滴产生断裂，部分油滴从固体表面被完全剥离下来。油滴开始发生变形并逐渐发生断裂。SDBS（1，10）体系油相变成油带后再无其他变化。而 DBES 体系则由于油带发生了断裂，部分油分子被驱替下来，最后又发生了二次吸附。

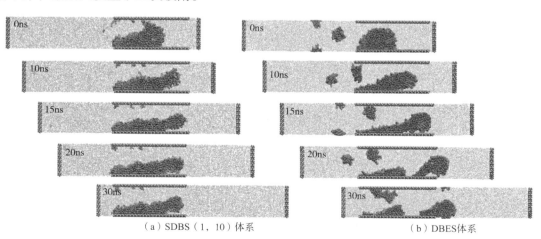

（a）SDBS（1，10）体系　　　　　　　　　　　　（b）DBES 体系

图 2-94　两种体系模拟驱油过程截图对比

表面活性剂吸附在油滴表面促进了油滴在水流条件下的驱替，因此探究表面活性剂与油分子之间短程相互作用有助于了解表面活性剂影响驱油效率的机理。图 2-95 为表

面活性剂与油分子之间非键相互作用随模拟时间变化曲线，可以发现，在模拟的全部过程中 DBES 与油相分子的相互作用一直小于 SDBS（1，10），对模拟的最后 5ns 的相互作用能取平均值分别为 –2984.7kJ/mol 以及 –1419.8kJ/mol，表明 DBES 在油滴表面的吸附能力要明显的弱于 SDBS（1，10）。通过观察平衡动力学模拟的最终构型图发现，表面活性剂 DBES 与 SDBS（1，10）结构相差较大，在油滴表面聚集的分布情况也不同。DBES 聚集为团簇状分布在油滴表面。DBES 与油相的短程相互作用也表明，该体系表面活性剂与油滴的相互作用能低于 SDBS（1，10）体系，这表明表面活性剂与油滴作用不够强，相对而言，EO 链使得表面活性剂之间的范德华相互作用较强，最终促进了表面活性剂分子的聚集，进一步导致表面活性剂不能完全覆盖油滴表面。同时，表面活性剂与油相之间较弱的相互作用也导致在之后的非平衡模拟中部分表面活性剂分子出现脱附现象。

通过分析表面活性剂与油分子之间非键相互作用可知，DBES 在油滴表面的吸附较弱，较多的暴露于水相环境中，因此进一步分析了表面活性剂与水相之间的相互作用关系。图 2-96 为表面活性剂与水分子之间非键相互作用随模拟时间变化曲线，可以发现，在模拟的全部过程中 DBES 与水相分子的相互作用一直远大于 SDBS（1，10），对模拟的最后 5ns 的相互作用能计算平均值分别为 –9585.7kJ/mol 以及 –22939.8kJ/mol，说明 DBES 与水分子具有更强的相互作用，受水流作用的影响更大。

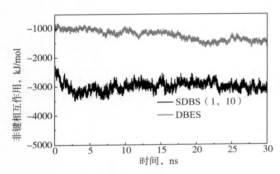

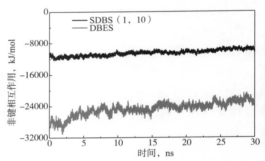

图 2-95　表面活性剂与油分子之间非键相互作用　　图 2-96　表面活性剂与水分子之间非键相互作用
　　　　　随模拟时间变化曲线　　　　　　　　　　　　　　随模拟时间变化曲线

在模拟驱替过程中水分子可以与吸附在油滴表面的表面活性剂产生氢键，当水流发生运动时，氢键的存在可以带动表面活性剂运动，进而间接促进油滴的驱替，因此与水分子形成氢键能力的强弱会直接影响表面活性剂的驱油效率。图 2-97 和图 2-98 分别为表面活性剂极性基团周围水分子径向分布函数和表面活性剂与水分子形成氢键数量随模拟时间变化曲线，可以发现，DBES 的极性基团周围水分子分布明显大于 SDBS（1，10），表明 DBES 与水分子具有更强的相互作用。氢键数量分析同样表明 DBES 可以与水分子形成更多的氢键，计算最终平衡态 5ns 的氢键平均值，DBES、SDBS（1，10）与水分子形成氢键数量分别为 193 和 162。从氢键数量和 DBES 极性基团与水分子间的径向分布函数图中可以看出，DBES 极性基团的相互作用与 SDBS（1，10）相比较强，体现出更强的亲水性。因此，DBES 更强的亲水性使其更易受到水分子的牵引。但其体积过大，影响其吸附性能，对油滴驱替也会产生不利影响。

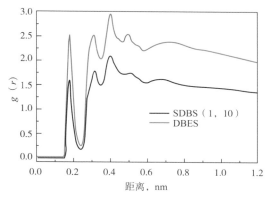

图 2-97 极性基团—水径向分布函数

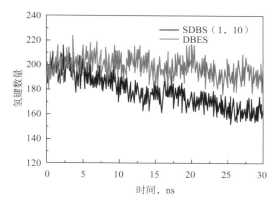

图 2-98 表面活性剂与水氢键数量—时间曲线

图 2-99 为 DBES 在油滴表面的吸附形态，可以发现，DBES 分子中的烷氧基和极性基团几乎完全处于水相中，显著增加了表面活性剂层的厚度。与 SDBS（1，10）相比，DBES 极性基团与水分子的相互作用较强，体现出更强的亲水性，使其更易受到水分子的牵引从而推动油滴整体移动。

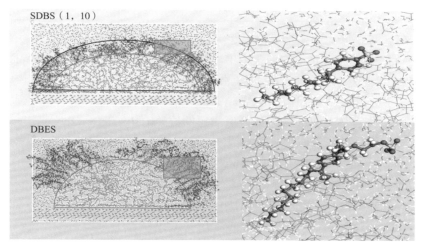

图 2-99 表面活性剂分子在油水界面吸附形态

三、复合体系性能对驱油效率影响

1. 复合体系界面张力与驱油效率的量化关系

通过研究复合体系平衡界面张力和动态界面张力，给出了超低界面张力作用指数，建立了复合体系界面张力性能与驱油效率的量化关系。

1）复合体系平衡界面张力与驱油效率关系

筛选了 4 种代表性复合体系，界面张力平衡值数量级不同，4 种体系复合驱油效率均值分别为 14.62%、20.68%、24.45%、26.27%（表 2-8）。对比分析可以看出，平衡界面张力数量级越低，复合驱采收率提高幅度越大，但当平衡界面张力值降低至一定程度后，复合驱油效率增幅变小。

表2-8 界面张力平衡值为不同数量级复合体系物理模拟实验结果

体系编号	界面张力 平衡值，mN/m	复合驱油 效率均值，%	复合驱油 效率增幅，%
1	1.03×10^{-1}	14.62	—
2	1.08×10^{-2}	20.68	6.06
3	1.01×10^{-3}	24.45	3.77
4	2.43×10^{-4}	26.27	1.82

2）复合体系动态界面张力与驱油效率关系

复合体系油水动态界面张力往往存在最低值，物理模拟实验数据表明，复合体系平衡界面张力值近似条件下，动态界面张力最低值越低，复合驱油效率增加幅度越大（表2-9）。

表2-9 界面张力平衡值近似最低值不同复合体系物理模拟实验结果

体系编号	界面张力 最低值，mN/m	超低界面张力作用时 间，min	界面张力 平衡值，mN/m	复合驱油 效率平均值，%
5	2.58×10^{-3}	45	2.87×10^{-2}	22.85
6	2.69×10^{-4}	120	1.21×10^{-2}	25.27

3）复合体系界面张力与驱油效率量化关系

综合考虑界面张力最低值、界面张力平衡值及超低界面张力作用时间等界面张力因素对驱油效率的影响，建立了评价复合体系界面张力的综合指标，即超低界面张力作用指数（S）：

$$S=\Delta IFT^{-1} \times \Delta t=（IFT_{最低}^{-1}-IFT_{超低}^{-1}）\times \Delta t \tag{2-4}$$

式中　ΔIFT——复合体系界面张力最低值与超低值（0.01）差值，mN/m；

Δt——超低界面张力作用时间差值，min；

$IFT_{最低}$——界面张力最低值，mN/m；

$IFT_{超低}$——超低界面张力值，mN/m。

通过超低界面张力作用指数及相对应驱油效率数据拟合，得到下式：

$$E= 0.9772\ln S+13.241 \tag{2-5}$$

式中　E——复合体系驱油效率值，%；

S——超低界面张力作用指数。

由式（2-5）可见，E与S的对数呈线性关系。S值越大，E值越高。复合驱油效率值为20%，S值需大于1000。

2. 复合体系乳化性能与驱油效率量化

乳化性能对复合驱效果至关重要。复合体系与原油作用后形成两种类型乳状液：油包水型和水包油型，可分别用水相含油率、油相含水率来表征。通过多元回归实验数据，定量研究了复合体系乳化性能。

将复合驱油体系与原油按所需比例加入具塞比色管中，采用均质器混合匀化，把装有匀化后乳状液的具塞比色管垂直静置于恒温烘箱中，分别在不同时间记录乳状液总体积、上相体积、中相体积和下相体积，直至上下相的体积不再变化。通过冷冻、萃取、标定标准曲线及测定吸光度值等实验，实现水相含油率、油相含水率的数值化表征。

开展了不同乳化性能复合体系物理模拟实验，研究乳化性能对复合驱油效率的影响（表2-10）。

表2-10 复合体系乳化性能指标及驱油效率

样品编号	水相含油率 %	水相含油率增幅, %	油相含水率 %	油相含水率增幅, %	复合驱油效率均值 %	复合驱油效率均值增幅, %
1	0.0714	—	11.16	—	19.65	—
2	0.1560	0.0846	14.50	3.34	21.35	1.70
3	0.1843	0.1129	20.00	8.84	23.30	3.65
4	0.3256	0.2542	27.11	15.95	25.51	5.86
5	0.4224	0.3510	35.06	23.90	27.85	8.20

总结归纳复合体系驱油效率增幅、水相含油率增幅及油相含水率增幅数据，通过多元回归方法拟合实验数据，确定复合体系乳化性能与驱油效率量化关系式为：

$$\Delta E = 1.09\Delta X^{0.69} + 0.252\Delta Y^{1.0} \tag{2-6}$$

式中 ΔE——复合驱油效率增幅，%；

ΔX——乳状液水相含油率，%；

ΔY——乳状液油相含水率，%。

根据油相含水率、水相含油率与采收率增幅的关系，进一步建立了乳化贡献程度 D_E 计算式：

$$D_E = \frac{\Delta E}{(\Delta E + E)} \times 100\% = \frac{1.09\Delta X^{0.69} + 0.252\Delta Y^{1.0}}{(1.09\Delta X^{0.69} + 0.252\Delta Y^{1.0} + E)} \times 100\% \tag{2-7}$$

式中 D_E——乳化贡献程度，%。

结合FRENCH提出的乳化性能分类，乳化性能弱及较弱体系对驱油效率贡献程度小于10%，乳化性能较强及强体系对驱油效率贡献程度大于20%（表2-11）。

表2-11 不同乳化性能复合体系对驱油效率贡献程度

实验编号	驱油效率均值, %	驱油效率增幅, %	贡献程度, %
1	19.65	—	—
2	21.35	1.70	7.96
3	23.30	3.65	15.67
4	25.51	5.85	22.94
5	27.85	8.20	29.15

在不同储层条件下，乳化会对渗流能力产生不同影响，所以复合体系存在最佳乳化程度。物模实验结果表明，均质岩心条件下，渗透率越高，与之相匹配的乳化程度越强。非均质岩心同样存在最佳乳化程度，渗透率相同时，岩心非均质性越强，匹配的乳化程度越高（表2-12）。

表 2-12　不同人造岩心中复合体系乳化性能与驱油效率的关系

体系	弱	较弱	中	较强	强	最佳乳化程度
均质岩心（K=1.2D）	15.64	16.31	18.94	22.98	21.59	较强
均质岩心（K=0.8D）	16.90	17.60	19.60	22.13	17.76	较强
均质岩心（K=0.3D）	15.92	20.11	17.18	17.34	16.33	较弱
非均质岩心（K=0.8D，变异系数为 0.59）	26.36	27.75	22.13	23.00	24.00	较弱
非均质岩心（K=0.8D，变异系数为 0.68）	23.05	24.12	25.61	27.97	20.85	较强

利用复合体系乳化程度与储层特性匹配关系研究成果，实现乳化性能的个性化设计，保证复合驱取得最佳驱油效果[43-45]。

3. 复合体系吸附性能与驱油效率量化关系

复合驱过程中，化学剂会发生吸附损耗。如果化学剂在油层岩石上吸附速度过快，将导致驱油体系配方组分迅速损失，偏离最初设计的体系配方，最终降低复合驱油效率。

根据大庆油田油层实际情况，采用 80~120 目净油砂，对二元体系（碱、表面活性剂）及复合体系进行多次吸附实验。多次吸附后碱、表面活性剂浓度见表 2-13。

表 2-13　多次吸附后复合体系表面活性剂、碱浓度变化情况

吸附次数	复合体系表面活性剂浓度，%	复合体系碱浓度，%	二元体系表面活性剂浓度，%	二元体系碱浓度，%
0	0.2788	1.1	0.2788	1.18
1	0.2010	1.02	0.1581	1.03
2	0.1700	1.00	0.1122	0.97
3	0.1428	1.00	0.0986	0.99
4	0.1156	0.93	0.0680	0.89
5	0.0646	0.92	0.0476	0.76
6	0.0408	0.78	0.0357	0.65
7	0.0255	0.71	0.0255	0.56

多次吸附后复合体系驱油效率及驱油效率变化幅度（比原液体系驱油效率）数据可以看出，吸附次数越多，复合体系驱油效率越低，体系性能变差。吸附 2 次后，驱油效率下降趋势明显（表 2-14）。

表 2-14　多次吸附后复合体系驱油效率及降幅

吸附次数	吸附后复合驱油效率，%	复合驱油效率变化幅度，%
0	24.9	—
1	24.7	99.2
2	24.2	97.2
3	23.5	94.4
4	20.4	81.9
5	17.7	71.1
6	16.1	64.7
7	14.1	56.6

第三章 驱油用表面活性剂种类及合成工艺

经过多年的研究和实践，大庆油田研究了石油磺酸盐、石油羧酸盐、木质素磺酸盐、烷基苯磺酸盐等复合驱用表面活性剂，鉴于原料来源、生产工艺以及产品性能，确定了烷基苯磺酸盐和石油磺酸盐为主表面活性剂的攻关方向，研制出了具有自主知识产权的强碱表面活性剂、弱碱表面能活性剂等系列产品，成功推动了三元复合驱的工业化应用，取得了显著的增油降水效果和社会经济效益，使复合驱在大庆油田成为持续有效开发的重要技术。

第一节 烷基苯磺酸盐表面活性剂

经过多年技术攻关，大庆油田以重烷基苯为原料，经过精馏切割、磺化、中和以及复配，研制出了国产化的强碱烷基苯磺酸盐表面活性剂，成功实现了工业化生产，现场应用取得了较好的增油降水效果。

一、烷基苯原料

工业上使用的烷基苯有两种。一种是支链烷基苯，另一种是直链烷基苯。支链烷基苯由于生物降解性差，已很少生产。自 20 世纪 70 年代后期以来，直链烷基苯的生产主要采用美国 UOP 公司的 PACOL 烷烃脱氢—HF 烷基化工艺。原油经过常减压精馏得到的煤油（或柴油），经精制得到正构烷烃并脱氢获得单烯烃，再与苯进行烷基化而得到烷基苯。在正构烷烃脱氢与烷基化反应的同时也发生一些副反应，如深度脱氢、异构化、芳构化、聚合、断链歧化等反应，从而产生一系列副产物，这些副产物由于沸点较高在精馏过程中最终从烷基苯中分离出来，在塔底即得到副产品——重烷基苯[46, 47]。在烷基苯生产过程中，制取烷基苯的方法、烷基化反应条件的不同，产物中的异构体分布会存在差异。同时，受温度等反应条件的影响，通常会伴随着脱氢、环化、异构化、裂解等许多副反应的发生，从而导致重烷基苯具有组分繁多、结构复杂以及不同组分间性能差别较大的特点。

复合体系驱油用烷基苯磺酸盐的原料主要来自烷基苯厂的十二烷基苯精馏副产物——重烷基苯。以抚顺 0 号重烷基苯为例，通过分析明确了重烷基苯的性能和各组分结构及含量（表 3-1）。

表 3-1 抚顺 0 号重烷基苯的性能指标

项目	指标	项目	指标
相对密度（15.6℃）	0.865	单烷基含量，%	18.3
分子量	327.7	二苯基烷含量，%	5.7
黏度（38℃，以秒计算通用黏度），s	136.6	二烷基苯含量，%	56
闪点，℃	185	重二烷基苯含量，%	20.0
赛氏色泽	< 16		

单烷基苯、二烷基苯、多烷基苯是重烷基苯产品中的主要组分，占总量的 3/4 左右，在一定条件下均可与三氧化硫发生磺化反应，在苯环上引入一个磺酸基，经过中和后得到性能优良、有较好当量分布且性能稳定的烷基苯磺酸盐产品。

二苯烷、多苯烷由于其自身的结构特点，使得它们易与三氧化硫反应，磺化反应产物分子中带有两个或多个磺酸基，致使中和后所得产品当量过低，对烷基苯磺酸盐的表面及界面性能有不良影响。

在重烷基苯原料中，虽然茚满和萘满含量较少，但由于烷基的诱导效应与共轭作用，其比烷基苯更容易磺化，生成的磺酸盐颜色较深。茚萘满属杂环化合物，在磺化过程中易发生氧化反应，生成不同程度的醚键，在碱性条件下发生慢速水解，从而对产品的稳定性产生较大影响。

极性物、泥脚不但不易磺化，同时在酸、碱性条件下存在较多的化学不稳定因素，如果该类物质混入磺化产品中，会在较大程度上影响产品的界面及稳定性能。

根据烷基苯原料不同组分的特性，通过减压精馏去除重烷基苯中不理想组分及杂质，提高重烷基苯原料质量。以抚顺 0 号重烷基苯为例，通过减压精馏，收取 70%~80% 的馏分。通过对减压精馏处理前后的重烷基苯各组分的分析比较（图 3-1 和图 3-2），精馏处理后重烷基苯的平均分子量由原来的 308.78 降为 300.42。这表明通过精馏处理，除去了重烷基苯中沸点较高且不利于表面活性剂产品性能的组分；精馏处理后原料的分子量比精馏处理前更趋近于正态分布，而且更接近于原油的分子量分布。因此，精馏处理后的烷基苯为原料研制出的表面活性剂，不但平均当量可更好地与原油的平均分子量相匹配，而且具有更好的化学稳定性，为驱油用烷基苯磺酸盐类表面活性剂的研制打下了较好的原料基础。

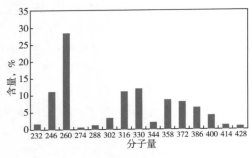

图 3-1　原料减压精馏前的组成分布

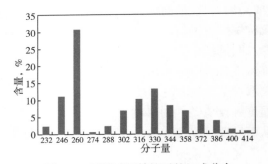

图 3-2　原料减压精馏后的组成分布

二、烷基苯磺酸盐的合成

烷基苯磺化为亲电取代反应。烷基苯上取代基较大时，受空间位阻效应的影响，取代反应主要发生在对位，基本不在邻位上发生。三氧化硫磺化的放热量为 170kJ/mol，烷基苯采用三氧化硫磺化是一个放热量大、反应速度极快的反应。如控制不慎，就会造成局部过热，副反应增加，产品质量下降。因此，采用三氧化硫磺化时，应严格控制三氧化硫的浓度以及物料比，强化反应物料的传质传热过程，将反应温度控制在一个合适数值。

在磺化反应过程中，由于烷基苯原料质量和性质的不同、磺化剂的不同，以及工艺、设备的不同还会伴随发生一些副反应：

（1）生成砜。当反应温度较高、酸烃物质的量比过大、SO_3 气体浓度过高时，均易发生生成砜的副反应。砜是黑色、有焦味的物质，对磺酸的色泽影响较大，而且不与碱反应，使最终产物的不皂化物含量增加，影响产品界面活性。

（2）生成磺酸酐。当 SO_3 过量较多，反应温度过高时，易反应生成磺酸酐。磺酸酐生成以后，通过加入工艺水，可以使其分解，然后中和，得到烷基苯磺酸盐。若中和以后的单体中含有酸酐，则易发生返酸现象，使不皂化物增加，影响产品界面活性。

（3）生成多磺酸。当磺化剂用量过大、反应时间过长或温度过高时，也会发生部分多磺化。多磺酸盐的水溶性较好，但表面活性较差。

（4）氧化反应。苯环（尤其是多烷基苯）容易被氧化，当反应温度过高时，更容易被氧化。通常得到黑色醌型化合物。烷基链较苯环更易氧化并常伴有氢转移、链断裂、放出质子及环化等副反应生成羧酸等，尤其是有叔碳原子的烷烃链，会产生焦油状的黑色硫酸酯，影响产品界面活性。

以上副反应较多，但如果提高烷基苯质量，控制适当的反应条件，可使副反应控制在较低的水平。

鉴于烷基苯原料中组分复杂，在烷基苯磺化工艺参数优化过程中，仅以酸值和活性物含量作为主要指标控制原料磺化转化率，导致多组分原料整体转化率低，为此，建立匹配度概念：

$$M = \sum_{i=1}^{m} \frac{a_i}{b_i} X_i \tag{3-1}$$

式中　M——烷基苯磺酸盐产品与原料间匹配度；

　　　a_i/b_i——i 组分转化率；

　　　x_i——i 组分在原料中的摩尔分数。

通过匹配度控制每一组分转化量，实现多组分均衡磺化，结合活性物含量，通过多种工艺优化磺化工艺参数，最佳匹配度提高至 95% 以上，进一步提高驱油用烷基苯磺酸盐表面活性剂产品性能。

通过烷基苯磺酸盐表面活性剂原料性能控制、产品定量分析方法、磺化工艺、中和复配一体化等配套技术研究，实现了烷基苯磺酸盐表面活性剂规模化工业生产。

三、磺酸盐生产工艺及设备

磺酸盐工业生产中采用的磺化剂主要为发烟硫酸和气体三氧化硫。采用的磺化剂不同，所用的工艺及设备也不相同。但采用发烟硫酸作为磺化剂，反应过程中生成硫酸，该反应是可逆反应。为了提高转化率，需要加入过量的发烟硫酸，产生大量需要处理的废酸。与发烟硫酸相比，采用气体三氧化硫磺化具有不产生废酸、产品中无机盐含量低等优点，目前工业上主要采用气体三氧化硫磺化工艺，工业生产设备主要为釜式磺化反应器和膜式磺化反应器。

1. 釜式磺化工艺及设备

早期，磺酸盐磺化合成一般采用釜式磺化，采用三氧化硫还常需加入稀释剂，三氧化硫稀释气体从反应釜中设置的多孔盘管中喷出，与富含芳烃的有机物料进行磺化反应。采用的磺化器种类不同，工艺过程也存在差异。下面着重介绍 Ballestra 连续搅拌罐组式釜式磺化设备。

意大利巴莱斯特（Ballestra）公司于 20 世纪 50 年代末首先研制成功罐组式釜式磺化技术，并于 60 年代初将成套装置销售到世界各地，单套生产能力为 50~6000kg/h（以 100% 活性物计），有 10 多种规格，在目前磺化生产中仍占有一定的比例。

罐组式釜式磺化反应器是一组依次串联排列的搅拌釜，该反应器结构较简单，是典型的釜式搅拌反应器，每一反应器内均装有导流筒和高速涡轮式搅拌桨以分散气体和混合、循环反应器中的有机液相。由于内循环好，系统内各点温度均一，无高温区，因此，酸雾生成量也较少。根据磺化反应的特点，应及时排出反应热，因此，需冷却装置，在该反应器内，冷却通过反应器内的冷却盘管和反应器外的冷却夹套进行。考虑磺酸的腐蚀性，反应器一般用含钼不锈钢制成，如图 3-3 所示。罐组式釜式磺化工艺由多个反应器串联排列而成，生产上为减少控制环节，便于操作，反应器个数不宜太多，一般以 3~5 个为宜，其大小和个数由生产能力确定。对于较大生产能力的装置来说，最好采用小尺寸反应器而增加反应器个数的方法进行设计。反应器之间有一定的位差，以阶梯形式排列，反应按溢流置换的原理连续进行。图 3-4 所示为罐组式釜式磺化工艺流程图。

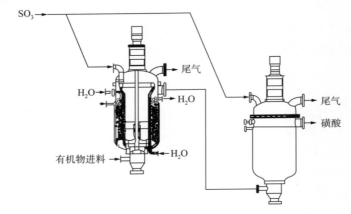

图 3-3　Ballestra 连续搅拌釜式磺化反应器

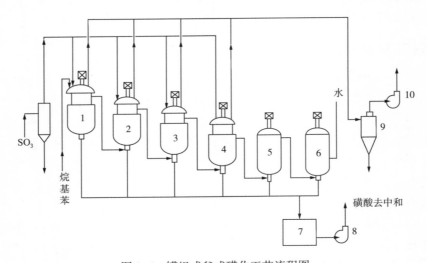

图 3-4　罐组式釜式磺化工艺流程图

1，2，3，4—磺化反应器；5—老化罐；6—加水罐；7—磺酸暂存罐；8—磺酸输送泵；9—磺化尾气分离器；10—尾气风机

原料通过定量泵进入第一反应器的底部，依次溢流至最后一个反应器，另有少量原料引入最后一个反应器，以便调节反应终点。SO_3和空气按一定比例从各个反应器底部的分布器平稳地通入。一般第一个反应器中SO_3通入量最多，后面的反应器中通入的较少，这样使得大部分反应在介质黏度较低的第一反应器中进行，有利于提高总的传热传质效率，反应热由反应器的夹套和盘管中的冷却水带走。反应器中出来的磺化产物一般需经老化器补充磺化。尾气由各反应器出来汇总到尾气分离器进行初步分离后，由尾气风机送入尾气处理系统进一步处理。尾气中含有空气、未转化的SO_2及残余的SO_3。由于罐组式反应器气体流速小，因此，酸雾极少，不需设高压静电除雾器。

在 Ballestra 连续搅拌罐组式反应器系统中，SO_3和空气加入量在各反应器中是依次递减的，转化率主要由前面几个反应器来实现。然而，加入反应器的气体量必须受到限制以免涡轮搅拌器产生液泛现象，否则会发生反应气体对有机液体的雾沫夹带。罐组式反应装置适宜于用较高SO_3气体浓度（6%~7%）进行生产。

罐组式磺化反应器容量大，操作弹性大，开停车容易，可省去SO_3吸收塔，反应过程中不产生大量酸雾，因而净化尾气设备简单；系统阻力小，操作压力不超过$4.9 \times 10^4 Pa$，可采用罗茨鼓风机，耗电少；三氧化硫气体浓度比膜式磺化反应器高，可以减少空气干燥装置的负荷；反应器组中如一组发生故障，可以在系统中隔离后进行检修而不影响生产，因此，比较灵活；整套装置投资费用较低。但该釜式磺化系统有较多的搅拌装置，反应物料停留时间长，物料返混现象严重，副反应多，反应器内有死角，易造成局部过磺化、结焦，因而产品质量稳定性差，产品色泽较差且含盐量较高。

2. 膜式磺化工艺及设备

自 20 世纪 60 年代中期后，随着降膜式磺化反应器的研制成功和工业应用，三氧化硫/空气连续磺化工艺得到迅速发展和普遍应用。工业化生产装置主要有两类：一类为双膜降膜式反应器，另一类为多管降膜式反应器[48]。

双膜降膜式反应器由两个同心不同径的反应管组成，在内管的外壁和外管的内壁形成两个有机物料的液膜，SO_3在两个液膜之间高速通过，SO_3向界面的扩散速度快，同时气体流速高使有机液膜变薄，有利于重烷基苯的磺化。但是，由于双膜结构，一旦局部发生结焦将影响液膜的均匀分布，使结焦迅速加剧，阻力降增加，停车清洗频繁，比多管式磺化操作周期短，给生产带来一定的麻烦。因此，双膜降膜式反应器如果能通过调整磺化器的结构和操作参数，适当降低双膜部分的反应程度，同时通过加强循环速度增加物料的混合程度来增加全混室的反应程度，才能既保证磺化的效果，又能阻止双膜部分的结焦速度。

多管降膜式反应器内部结构如图 3-5 所示。磺化反应主要在一个垂直放置的界面为圆形的细长反应管进行。有机物料通过头部的分布器在管壁上形成均匀的液膜。降膜式磺化反应器的上端为有机物料的均布器。有机物料经过计量泵计量，通过均布器沿磺化器的内壁呈膜式流下；三氧化硫/干燥空气混合气体从位于磺化器中心的喷嘴喷出，使有机物料与三氧化硫在磺化器的内壁上发生膜式磺化反应。在磺化器的内壁与三氧化硫喷嘴之间引入保护风，使三氧化硫气体只能缓慢向管壁扩散进行反应。这使磺化反应区域向下延伸，避免了在喷嘴处反应过分剧烈，消除了温度高峰，抑制了过磺化或其他副反应，从而实现了等温反应。同时，膜式磺化反应器的设计增强了气液接触的效果，使反应充分

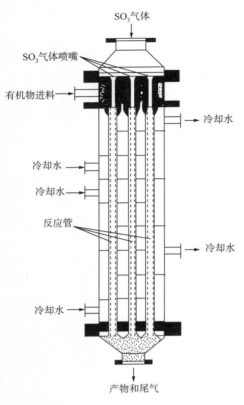

图 3-5 多管降膜式反应器结构示意图

进行。反应器的外部为夹套结构，冷却水分为两段进入夹套，以除去磺化反应放出的大量反应热。总之，膜式磺化反应器可使有机物料分布均匀，热量传导顺畅，有效实现了瞬时和连续操作，得到良好的反应效果。同时，SO₃/空气与有机物料并流流动，SO₃径向扩散至有机物料表面发生磺化反应。反应器头部无SO₃/空气均布装置。当气体以一定速度通过一个长度固定的管子时，会产生一定的压降。当烷基苯磺化转化率高时，液膜的黏度增加，液膜厚度增加，气体流动的空间减小，压力降增大。反应器中有一个共同的进料室和一个共同的出料室，因此，每根管子的总压降是恒定的。转化率高的反应管内液膜黏度高、液膜厚、阻力大、压降大；转化率低的反应管内液膜黏度低、液膜薄、阻力小、压降小。在总压降相同的条件下，前者的SO₃/空气流量减少，后者的流量增加。这种"自我补偿"作用可使每根反应管中的有机物料达到相同的转化率。由于自身结构特点，多管降膜式反应器可以维持系统的压力平衡，可防止过磺化，延缓反应器的结焦，即使有一根管子结焦，对其他的管的液膜厚度和气体流速影响较小，不会影响反应器的正常工作，结焦不会迅速在反应器内蔓延。在保证中和值的前提下，通过工艺条件的优化，可控制磺化中的副反应程度，避免结焦。通过及时清洗反应器，还可进一步延长操作周期[49]。

采用膜式磺化反应器进行磺化合成石油磺酸盐，由于原料（富芳烃原油或原油馏分）黏度较大，一般需要在原油中加入稀释剂使反应物和反应产物保持均匀的分散状态，并使SO₃、原料油和添加剂的混合物、热交换表面和反应器壁之间在反应条件下实现均匀地热交换和温度控制，减少不期望的氧化、焦化和多磺化等反应，降低磺化产物中副产物的量，但溶剂后续处理难度较大。大庆炼化公司通过对膜式磺化反应器的结构及工艺进行优化[50]，建成了用于石油磺酸盐生产的国产化多管膜式磺化反应器。

四、烷基苯磺酸盐表面活性剂

1. 强碱烷基苯磺酸盐表面活性剂性能

1）复合体系界面张力性能

烷基苯磺酸盐表面活性剂产品均有较大的超低界面张力区域；在低碱、低活性剂浓度范围内，也表现出较好的界面张力性能（图3-6）。

2）复合体系稳定性

随着对表面活性剂研究的不断深入，对活性剂体系界面张力稳定性的认识也越来越清晰。研究认为，强碱条件下，表面活性剂体系的化学稳定性决定了该体系的界面张力稳定性。为此，在烷基苯磺酸盐的研制过程中从原料的处理、磺化工艺参数确定以及复配等每个环节都尽量消除化学不稳定因素[51]，从而使该产品具备了较好的界面张力稳定性。

45℃恒温条件下复合体系稳定性在98天的考查时间内，烷基苯磺酸盐的复合体系保持了较好的界面张力稳定性，复合体系保持了较好的黏度指标，3个月后仍能保持在30mPa·s以上（图3–7）。

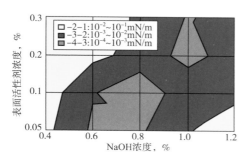

图3–6 强碱烷基苯磺酸盐界面活性图

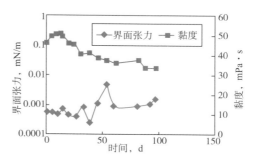

图3–7 复合体系界面张力稳定性

3）复合体系乳化性能

将质量比为1:1的大庆脱水油与表面活性剂产品一元和复合体系放入具塞比色管中，剧烈振荡后，置于45℃恒温箱中，每天观察上、中、下相体积及状态。从单一表面活性剂乳化实验（图3–8）可以看出，该表面活性剂产品与ORS–41乳化能力相同，即下相、上相体积没有明显变化，中间为灰白色薄膜。

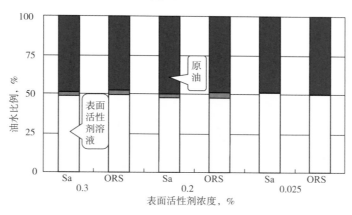

图3–8 表面活性剂与原油乳化结果

两种表面活性剂的复合体系上、下相体积没有变化，中间仍为灰白色薄膜（图3–9），说明两种表面活性剂的复合体系乳化能力相同，同属不稳定的乳化液。

复合体系体系组成：

（1）1号：Sa（0.3%）+ NaOH（1.2%）+ HPAM（1200mg/L）。

（2）2号：Sa（0.2%）+ NaOH（1.0%）+ HPAM（1200mg/L）。

（3）3号：Sa（0.1%）+ NaOH（1.0%）+ HPAM（1200mg/L）。

（4）4号：Sa（0.05%）+ NaOH（1.0%）+ HPAM（1200mg/L）。

（5）5号：Sa（0.025%）+ NaOH（1.0%）+ HPAM（1200mg/L）。

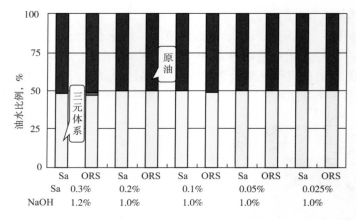

图 3-9　复合体系与原油乳化结果

4）复合体系吸附性能

在 60~100 目大庆油砂上测定了该表面活性剂产品的吸附量，并与 ORS-41 进行了对比。实验结果表明，两者吸附量基本相同（图 3-10）。

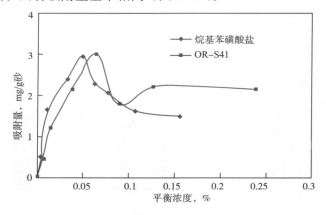

图 3-10　烷基苯磺酸盐表面活性剂油砂吸附量

5）复合体系驱油性能

采用天然岩心物理模拟驱油实验，烷基苯磺酸盐表面活性剂复合体系驱选择合适的体系段塞及注入方式，烷基苯磺酸盐表面活性剂复合体系可比水驱提高采收率 18 个百分点以上。

表 3-2　烷基苯磺酸盐复合体系体系天然岩心驱油实验结果

序号	气测渗透率，10^{-3}mD	含油饱和度，%	水驱采收率，%	化学驱采收率，%	总采收率，%
1	898	73.0	46.8	20.3	67.1
2	843	71.7	44.2	21.6	65.8
3	827	72.6	48.3	18.7	67.0
4	791	69.9	41.3	20.1	61.4

注：注入方式为 0.3PV，三元主段塞（表面活性剂有效浓度 $S_{有效}$=0.3%，碱浓度 A=1.2%，黏度 η=40mPa·s）+0.2PV 聚合物段塞（黏度 η=40mPa·s）。

2. 烷基苯磺酸盐产品优化设计及性能评价

针对强碱烷基苯磺酸盐表面活性剂所用重烷基苯原料的组成波动较大，导致强碱烷基苯磺酸盐活性剂产品界面性能不够理想等问题。在前期烷基苯磺酸盐结构与性能关系研究的基础上，以 α-烯烃为原料，经烷基化、磺化、中和后得到了组成结构明确且界面性能优越的烷基苯磺酸盐表面活性剂产品[51]，与强碱烷基苯磺酸盐表面活性剂工业产品复配，在改善强碱烷基苯磺酸盐表面活性剂产品界面性能的同时，还实现了强碱烷基苯磺酸盐表面活性剂工业产品的弱碱化。

1）组成结构明确的烷基苯磺酸盐设计及合成

采用直链 α-烯烃分别与苯、甲苯、二甲苯烷基化后，合成出了系列不同碳数、不同结构的烷基苯原料，经磺化、中和后，得到了相应的烷基苯磺酸盐，其分子结构如图 3-11 所示。

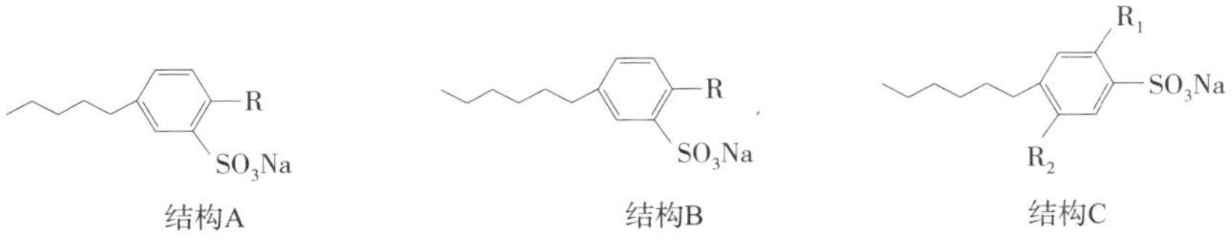

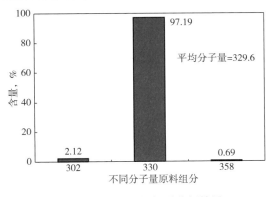

结构A   结构B   结构C

图 3-11 设计合成的烷基苯磺酸盐表面活性剂分子结构示意图

采用设计、合成的不同碳数、不同结构的烷基苯磺酸盐，开展了烷基苯磺酸盐结构与界面张力性能关系研究，实验结果见表 3-3。通过动态、平衡超低界面张力的碱范围和界面张力最低值的比较可以看出，结构 C 具有较好的界面张力性能。

表 3-3 不同结构表面活性剂界面张力性能对比

序号	结构	动态界面张力碱范围 %（质量分数）	平衡界面张力碱范围 %（质量分数）	界面张力最低值 mN/m
1	A	0.6	一个点	1.23×10^{-3}
2	B	0.8	无	4.52×10^{-4}
3	C	1.0	0.4	7.85×10^{-4}

选取了结构 C 的两种烷基苯原料，其原料组成如图 3-12 所示。合成了相应的烷基苯磺酸盐表面活性剂小试产品。

（a）C-1 烷基苯原料气质分析结果   （b）C-2 烷基苯原料气质分析结果

图 3-12 两种烷基苯原料组成分析

分别研究了它们的油水界面张力性能。这两种单一组分的烷基苯磺酸盐界面张力性能存在一定差异。十六烷基二甲基烷基苯磺酸盐具有良好的油/水界面张力性能，在表面活性剂浓度0.05%~0.3%，NaOH浓度≥0.3%跨度范围内可与大庆油田采油四厂原油形成超低界面张力。而十八烷基二甲基烷基苯磺酸盐仅能在表面活性剂浓度为0.05%~0.3%、NaOH浓度为0.1%~0.2%范围内可与大庆原油形成超低界面张力。

2）强碱烷基苯磺酸盐表面活性剂性能改善

在烷基苯磺酸盐结构与性能关系研究的基础上，采用设计合成的烷基苯磺酸盐产品，通过与强碱烷基苯磺酸盐工业产品复配，使强碱表面活性剂产品的界面张力、吸附、乳化等性能得到不同程度的改善。采用结构确定的烷基苯工业原料，在磺化生产装置上进行了工业生产，改善了强碱表面活性剂工业产品性能，实现了工业化放大生产。

（1）复合体系界面张力性能。

改善后的表面活性剂产品较强碱表面活性剂工业产品可在表面活性剂浓度为0.3%~0.5%、碱浓度为0.4%~1.2%范围内与大庆原油形成超低界面张力，具有更宽的超低界面张力范围（图3-13）。

（2）复合体系抗吸附性能。

多次吸附实验结果表明，性能改善后的强碱表面活性剂产品的抗吸附性能优于强碱工业产品（图3-14）。

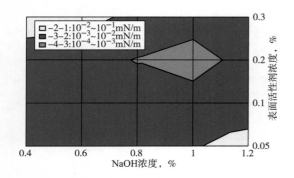

图3-13　性能改善后强碱表面活性剂工业产品界面张力活性

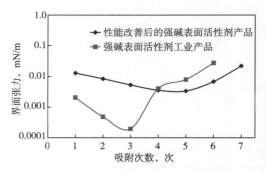

图3-14　性能改善后工业产品多次吸附实验结果

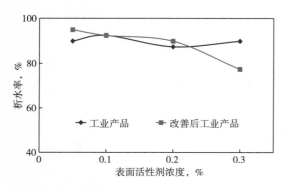

图3-15　性能改善后工业产品乳化评价结果

（3）复合体系乳化性能。

乳化实验结果表明，性能改善后的强碱表面活性剂在高表面活性剂浓度形成油包水型和水包油型乳状液的能力增加（图3-15）。

（4）复合体系稳定性。

在45℃条件下，考察了性能改善后强碱烷基苯磺酸盐工业产品复合体系的界面张力稳定性和黏度稳定性，如图3-16所示。评价结果表明，在90天考察期间内，性能改善后的强碱烷基苯磺酸盐工业产品的复合体系具有较好的界面张力稳定性和黏度稳定性。

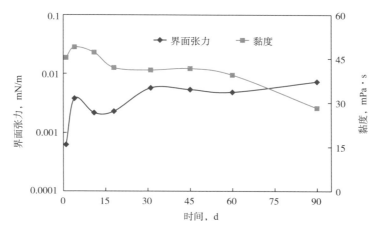

图3-16　性能改善后工业产品稳定性评价结果

（5）复合体系驱油性能。

采用0.3PV三元元主段塞（表面活性剂有效浓度为0.3%，碱浓度为1.2%，黏度为40mPa·s）+0.2PV后续聚合物段塞（黏度为50mPa·s）的注入方式，在人造均质岩心上对比了性能改善后强碱表面活性剂与目前强碱表面活性剂工业产品的岩心驱油效果，实验结果见表1-4。结果表明，性能改善后的强碱表面活性剂复合体系平均可比水驱提高采收率30.77个百分点，较目前强碱烷基苯磺酸盐工业产品高0.8个百分点。

表3-4　强碱表面活性剂贝雷岩心驱油实验结果对比

名称	岩心编号	气测渗透率 mD	含油饱和度 %	水驱采收率 %	化学驱采收率 %	总采收率 %	化学驱平均采收率 %
性能改善后的强碱表面活性剂产品	5–12	396	66.67	38.45	30.95	69.40	30.77
	5–14	330	67.84	36.52	31.46	67.98	
	5–7	348	68.50	37.87	29.90	67.77	
强碱表面活性剂工业产品	5–11	389	66.91	36.91	29.64	66.55	29.97
	5–16	311	70.27	37.70	29.51	67.21	
	5–13	348	67.76	36.73	30.75	67.48	

3）弱碱烷基苯磺酸盐表面活性剂性能评价

强碱复合体系驱在现场试验取得了较好的增油效果，同时也暴露出了采出液处理难、采出端结垢等问题，复合驱弱碱化已成为必然趋势。采用十六烷基二甲苯和十八烷基二甲苯与强碱烷基苯磺酸盐工业产品复配后，研制出了适合弱碱的烷基苯磺酸盐表面活性剂产品，满足油田开发生产需求。

（1）复合体系界面张力性能。

弱碱烷基苯磺酸盐表面活性剂工业产品可在较宽的表面活性剂浓度（0.05%~0.3%）和碱浓度（0.4%~1.4%）范围内与大庆原油形成超低界面张力（图3-17）。

（2）复合体系吸附性能。

多次吸附实验结果表明，弱碱烷基苯磺酸盐工业产品经过油砂9次吸附后，仍可与大庆原油形成超低界面张力，具有较好的抗色谱分离性能（图3-18）。

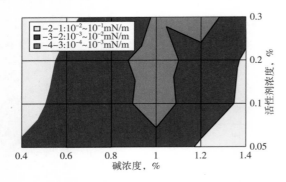

图3-17　弱碱烷基苯磺酸盐工业产品界面
张力性能评价结果

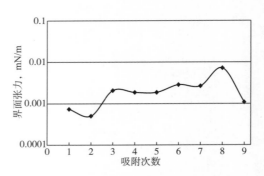

图3-18　弱碱烷基苯磺酸盐工业产品
吸附性能评价结果

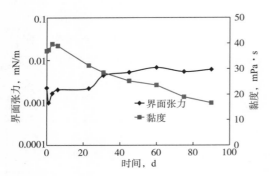

图3-19　弱碱烷基苯磺酸盐工业产品稳定
性评价结果

（3）复合体系稳定性。

在45℃下考察了弱碱烷基苯磺酸盐工业产品复合体系稳定性。弱碱烷基苯磺酸盐工业产品复合体系在90天内，具有较好的界面张力稳定性黏度稳定性。

（4）复合体系驱油性能。

采用贝雷岩心考察了弱碱烷基苯磺酸盐工业产品岩心驱替性能。实验结果见表3-5。弱碱烷基苯磺酸盐产品的驱油效率平均可比水驱提高31.95个百分点，产品性能得到明显的提高。

表3-5　弱碱烷基苯磺酸盐工业产品贝雷岩心驱油实验结果

名称	岩心编号	气测渗透率 mD	含油饱和度 %	水驱采收率 %	化学驱采收率 %	总采收率 %	化学驱平均采收率 %
弱碱烷基苯磺酸盐工业产品	2-17	409	67.75	39.34	32.23	71.57	31.95
	2-33	403	65.59	37.64	30.42	68.06	
	2-21	409	66.11	35.13	33.20	68.33	
石油磺酸盐	2-35	413	64.94	35.50	29.38	64.87	27.61
	2-25	404	64.93	36.62	25.06	61.69	
	2-20	408	66.81	38.36	28.39	66.75	

第二节　石油磺酸盐表面活性剂

石油磺酸盐是由富含芳烃的原油、馏分油或脱蜡油用发烟硫酸或三氧化硫进行磺化反应，然后用碱溶液中和得到的产物，其主要成分是芳烃化合物的单磺酸盐，其中芳烃化合物有一个芳环的烷基苯，一个芳环与几个五元环稠合在一起的多环芳烃，也有两个芳环的烷基萘，两个芳环与一个或几个五元环稠合在一起的多环芳烃，其余的则为脂肪烃和脂环烃的磺化物或氧化物。

其主要活性物是高分子量的磺酸盐。早期的石油磺酸盐是提炼白油的副产品，在白油生产中利用磺化工艺，除掉原料油中的芳烃及其他活性组分，得到的产物是白油或黄矿油及存在于另一相中的石油磺酸盐。这类石油磺酸盐的平均分子量在 400~580，为过磺化物质，在用于化学驱提高采收率技术中的驱油剂需要做一定的调整。近年来，主要采用炼厂的减压二线馏分油或反序脱蜡油为原料，采用三氧化硫气体磺化，氢氧化钠溶液中和，得到的石油磺酸盐的平均分子量在 430~530[51, 52]。

石油磺酸盐产物一般呈棕色或棕黑色，对其相应的原油具有优良的界面活性，且合成工艺简单、价格低廉，因此，是一种有广泛应用前景的驱油用表面活性剂。此外，其碱土金属盐，如石油磺酸钙、石油磺酸钡、石油磺酸镁等除用于采油外，还可以作为防锈剂或润滑油清净添加剂等，具有广泛的工业用途。

石油磺酸盐在国内外已用于提高原油采收率，例如美国 Marathon 公司用罗宾逊油田的富芳原油（含芳烃高达 70.2%），在罗宾逊炼厂直接磺化、中和生产的石油磺酸盐，已大量用于现场胶束、微乳液驱油。国内大庆炼化公司采用减压二线反序脱蜡油为主要原料（芳烃含量大于 35%），采用三氧化硫气体膜式磺化、氢氧化钠溶液中和，得到的石油磺酸盐产品已经应用于大庆油田弱碱三元复合驱，取得了提高采收率 20% 以上的良好效果。

一、石油磺酸盐合成反应

石油磺酸盐的磺化合成方法与烷基苯磺酸盐的合成基本相同，一般采用炼厂的高沸点减二线、减三线馏分油为原料，经磺化反应和碱中和反应得到。早期磺化反应常采用 20%~60% 的发烟硫酸为磺化剂的釜式磺化。近年来，采用三氧化硫气体为磺化剂的膜式磺化或喷射式磺化。三元复合驱用石油磺酸盐的合成与白油生产中的副产品不同，需要控制磺化深度，在磺化过程中磺化剂一般是过量的。石油馏分中原已存在的芳香核最易磺化，而其他组分在硫酸或 SO_3 存在下可能发生异构化、脱氢、环化、歧化、重排、氢化等副反应，因此，一般都需要控制磺化温度（60~65℃）。物料黏度大时，还需要加入适量的稀释剂或溶剂，如二氯甲烷、二氯乙烯、石脑油等，这样可以避免过磺化或氧化，并使酸渣减到最低程度。最终的磺化产物中既有原来存在的芳烃分子的磺化物，也有重排的烃分子的磺化物。石油磺酸盐产物的活性物含量一般为 30%~60%，含饱和烃 10%~40%，含水 10%~25%，含盐 2%~8%。但也可以制成活性物含量高达 80% 和低至 20% 左右的产品供直接使用。

石油磺酸盐合成的主要反应包括：富芳烃原油或原油馏分的磺化与磺酸的中和两个主要步骤。

（1）富芳烃原油或馏分中芳烃的磺化：

$$R\text{—}\langle\bigcirc\rangle + SO_3 \longrightarrow R\text{—}\langle\bigcirc\rangle\text{—}SO_3H$$

（2）磺酸与 NaOH 等碱的中和反应：

$$R\text{—}\langle\bigcirc\rangle\text{—}SO_3H + NaOH（或Na_2CO_3）\longrightarrow R\text{—}\langle\bigcirc\rangle\text{—}SO_3Na$$

石油磺酸盐随着合成原料和合成工艺的不同产品性能有很大不同。目前，石油磺酸盐的工业生产大部分都采用三氧化硫气相磺化合成工艺。环烷基原油中芳烃含量高，合成的石油磺酸盐产品中副产物少，易获得与原油能形成超低界面张力的产品。石蜡基原油中芳烃含量少（小于 15%），石油磺酸盐生产中副产物含量高达 60% 以上。如果脱除未磺化油副产物，生产成本高，在经济效益及副产品的处理方面受到了限制，且脱除副产物时部分油溶性的石油磺酸盐也同时脱除，会影响石油磺酸盐产品的界面活性。针对石蜡基原油中芳烃含量低的问题，大庆炼化公司参照大连石化的减压馏分油加工工艺，对馏分油先进行酮苯脱蜡，得到反序脱蜡油，其芳烃含量达到 30%~40%，以减压二线的反序脱蜡油为主要原料合成石油磺酸盐，得到的产品活性物含量提高（35%~38%），不需要脱除未磺化油，合成工艺简化、成本降低，且产品具有良好的界面活性。大庆炼化公司、克拉玛依石化公司、胜利油田助剂厂分别采用大庆油田、克拉玛依油田和胜利油田的原油均能生产出价廉、高效的石油磺酸盐产品。

二、石油磺酸盐性能

将石油磺酸盐适当分离可以得到一系列的不同分子量的组分，所分离的各组分仍然是混合物，只是分子量分布变窄。一般高分子量部分具有较高的界面活性，可以显著地降低油水界面张力，但是在水中溶解性差、耐盐性差，而低分子量部分在水中极易溶解，对高分子量组分在水中具有增溶作用，因此，有时出于磺酸盐性能优化方面的考虑（如溶解性、抗盐性、界面张力及其在油藏岩石上的吸附量），将不同分子量的石油磺酸盐按一定的比例混合，使得混合物某些方面的性能更好，这一点与烷基苯磺酸盐等表面活性剂的性质类似。

20 世纪 70 年代，无论是基础研究还是矿场试验，所使用的表面活性剂主要是石油磺酸盐，它具有低界面张力、最佳相态和较高的增溶能力。

在低张力"油—盐水—活性剂"体系和表面活性剂水溶液体系的研究中，发现石油磺酸盐水溶液体系直到形成表面活性剂胶束之前，界面张力是随石油磺酸盐浓度的增加而降低的（图 3-20）。从图 3-20 可以看出，当界面张力降到某一个值后，随着活性剂浓度的增加，界面张力不再有明显的降低。当水中添加适量的电解质 NaCl 时，可以降低油水间的界面张力，例如浓度为 1% 的 TSD-8 盐水溶液与烷烃的界面张力曲线（图 3-21）。从图 3-21 可以看出，石油磺酸盐 TSD-8 与正十二烷的界面张力达到 0.42mN/m。同时，还看出该样品只与正十二烷的界面张力较低，而与其他烷烃的界面张力则较高。

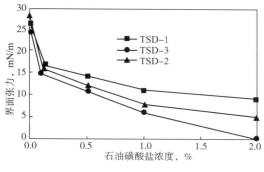

图 3-20　石油磺酸盐浓度与界面张力关系

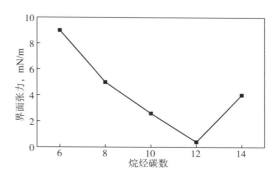

图 3-21　TSD-8（1.5%NaCl）与烷烃的界面张力

表 3-6 为大庆炼化公司采用反序脱蜡油原料生产的石油磺酸盐工业产品的活性物含量及其他成分分析结果。表 3-7 为石油磺酸盐工业产品对大庆油田采油三厂油水的弱碱三元体系界面张力测定结果，可见，石油磺酸盐产品可以在较宽的活性剂浓度和碱浓度范围使油水界面张力达到超低。

表 3-6　大庆炼化公司石油磺酸盐产品组分含量分析结果（重量法）

产品	活性物含量 %	未磺化油含量 %	无机盐含量 %	挥发分含量 %	收率 %
DPS-1	34.7	43.9	3.17	17.12	98.89
DPS-2	34.69	44.9	3.56	14.72	97.87
DPS-3	40.40	37.25	7.52	15.10	100.27

表 3-7　石油磺酸盐样品 DPS-3 与大庆油水的界面张力

表面活性剂浓度 %	界面张力，mN/m					
	0.2% Na$_2$CO$_3$	0.4% Na$_2$CO$_3$	0.6% Na$_2$CO$_3$	0.8% Na$_2$CO$_3$	1.0% Na$_2$CO$_3$	1.2% Na$_2$CO$_3$
0.3	4.43×10^{-3}	1.71×10^{-3}	1.76×10^{-3}	2.16×10^{-3}	2.29×10^{-3}	3.37×10^{-3}
0.2	2.52×10^{-3}	1.21×10^{-3}	1.95×10^{-3}	1.63×10^{-3}	1.69×10^{-3}	1.46×10^{-3}
0.1	1.29×10^{-2}	2.27×10^{-3}	2.69×10^{-3}	1.71×10^{-3}	1.53×10^{-3}	1.47×10^{-3}
0.05	3.26×10^{-2}	3.36×10^{-3}	4.33×10^{-3}	2.16×10^{-3}	8.36×10^{-3}	5.76×10^{-3}

注：聚合物浓度为 1200mg/L。

图 3-22 是采用胜利油田馏分油合成的石油磺酸钠在不同碱浓度下对孤岛原油的界面张力，采用富含芳烃的馏分油，并控制馏分组成合成的石油磺酸盐对相应的原油可以在较宽碱浓度范围内使油水界面张力达到超低。图 3-23 是采用新疆克拉玛依油田环烷基原油中的常三线、减二线馏分油磺化合成的石油磺酸盐与克拉玛依原油的界面张力，表面活性剂浓度均为 0.2%。由图 3-23 可见，KPS-1 和 KPS-3 可以在较低的弱碱浓度下与原油具有良好的界面活性。

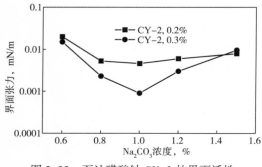

图 3-22　石油磺酸钠 CY-2 的界面活性

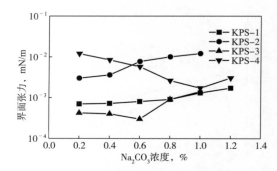

图 3-23　石油磺酸钠 KPS 系列的界面活性

在微乳液驱油配方的研究中发现，石油磺酸盐平均当量增加时，其对油的增溶作用也增加；反之，对水的增溶作用增强。当石油磺酸盐的平均当量在某一适当的范围内，可以获得最佳的增溶参数。因为增溶作用的大小与增溶剂（石油磺酸盐）和增溶物的结构、胶团数目的多少有关。油相（增溶物）基本上被增溶于胶团内部，增溶量一般与胶团大小有关，形成的胶团越大或其聚集数越多，则增溶量也越大。当石油磺酸盐的平均当量增加时，即增加了磺酸盐疏水端的碳链长度，根据同系物碳原子效应，形成的胶团大小随碳链长度增加而增加，于是增溶作用也随之而增强。

图 3-24 是石油磺酸盐的平均当量与增溶参数的关系，当石油磺酸盐的平均当量为 400~450 时，其体系有较高的增溶参数。

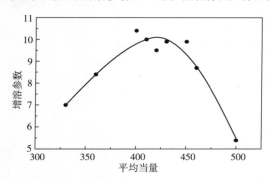

图 3-24　石油磺酸盐平均当量与增溶参数的关系

第三节　甜菜碱型表面活性剂

甜菜碱型表面活性剂是一种两性离子表面活性剂，由于分子结构中同时含有阴离子基团和阳离子基团，分子呈电中性，因而具有良好的耐盐性及耐硬水性，刺激性低，生物降解性好，与其他类型表面活性剂具有较好的配伍性。近年来研究表明，甜菜碱表面活性剂因其较小的亲水基面积，可以在油水界面实现紧密排列，因而具有优异的降低油水界面张力的能力与效率，从而受到广泛关注。

一、甜菜碱型表面活性剂分子设计

国内外学者通过系统的结构性能关系研究表明，表面活性剂降低油水界面张力的效率与效能和表面活性剂分子在界面上的排列紧密程度、亲油基与原油的相似性以及表面活性剂体系的亲水亲油平衡有关。表面活性剂分子在油水界面上排列的紧密程度又取决于分子间的排斥力和空间位阻。Huibers 通过量子力学计算认为，甜菜碱型表面活性剂的极性基团电性斥力小于硫酸酯盐、磺酸盐及阳离子极性基团；另一方面，甜菜碱型表面活性剂在较大的 pH 值范围内都呈电中性，分子间的斥力小，有利于紧密排列。

中国石油勘探开发研究院在烷基链中引入高活性的芳基基团，合成出了芳基烷基甜菜碱型表面活性剂。图 3-25 是常规的烷基甜菜碱型表面活性剂与芳基烷基甜菜碱型表面活性剂的结构示意图。从表 3-8 中可以看出，高活性芳基基团的引入，可使体系界面张力降低一个数量级。这表明，高活性芳基基团的引入没有对表面活性剂分子的空间排列产生位阻，而是使其与原油性质相似，降低了表面活性剂亲油基与原油组分的斥力，大大提高体系界面效率[53]。

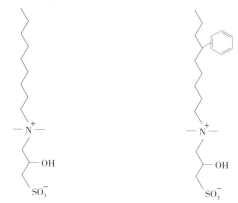

（a）烷基甜菜碱型表面活性剂　　　　　　（b）芳基烷基甜菜碱型表面活性剂

图 3-25　甜菜碱表面活性剂分子结构示意图

表 3-8　不同结构甜菜碱型表面活性剂的界面张力

甜菜碱型表面活性剂浓度，%	0.025	0.05	0.1	0.2	0.25
烷基甜菜碱型表面活性剂界面张力，mN/m	3.23×10^{-3}	7.39×10^{-3}	1.15×10^{-2}	2.82×10^{-2}	1.34×10^{-2}
芳基烷基甜菜碱型表面活性剂界面张力，mN/m	1.76×10^{-3}	1.95×10^{-3}	2.39×10^{-3}	1.49×10^{-3}	4.61×10^{-3}

针对不同性质的油水，通过调节芳基烷基甜菜碱型表面活性剂分子的分子量，使其体系亲水亲油平衡达到最佳，提高表面活性剂分子在油水界面上的吸附效率。图 3-26 为芳基烷基甜菜碱型表面活性剂体系典型的动态界面张力测定结果。从动态界面张力曲线可以发现，大约 15min 左右界面张力即达到 10^{-3} mN/m，并始终维持在 10^{-3} mN/m 数量级，充分显示了芳基烷基甜菜碱型表面活性剂优异的界面活性。

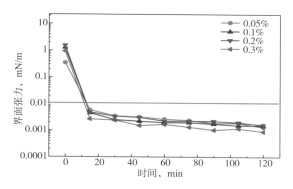

图 3-26　芳基烷基甜菜碱型表面活性剂二元体系与大庆油水动态界面张力

聚合物分子量 1900×10^4，2000mg/L

此外，相比于烷基苯磺酸盐和石油磺酸盐，芳基烷基甜菜碱型表面活性剂还具有以下优点：

（1）结构较单一、明确清晰、质量稳定，因而在地层运移过程中，色谱分离效应较弱。

（2）在无碱条件下可与原油达到超低界面张力；而重烷基苯和石油磺酸盐均需要与碱复配，通过协同效应，实现超低界面张力。

（3）基础原料为油酸甲酯，不但绿色环保、刺激性低、生物降解性好，而且廉价易得，经济性好。

（4）由于两性离子表面活性剂对金属离子有螯合作用，因而耐高矿化度和二价阳离子能力强，而重烷基苯磺酸盐与石油磺酸盐在二价离子含量较高的地层水中会出现沉淀。

二、芳基烷基甜菜碱型表面活性剂的合成

甜菜碱型表面活性剂原料来源于油酸甲酯，经过烷基化、加氢、胺化、季铵化制得，此四步工艺均具有成熟的工业化生产工艺。与烷基甜菜碱型表面活性剂相比，芳基烷基甜菜碱型表面活性剂的合成关键是烷基化反应和长链叔胺的季铵化反应。

1. 烷基化反应

油酸甲酯与烷基苯或苯在 110~130℃的条件下，在质子酸的催化下发生付氏烷基化反应，得到芳基烷基羧酸酯：

$$CH_3(CH_2)_mCH=CH(CH_2)_nCOOCH_3 \longrightarrow CH_3(CH_2)_mCH(CH_2)_nCOOCH3$$

目前主要的制备工艺包括间歇式的釜式工艺及固定床连续反应工艺。传统釜式生产工艺中使用的是腐蚀性催化剂 HF 酸、无水 $AlCl_3$、甲磺酸、磷酸、硫酸等，会产生产品残渣难以处理、设备腐蚀和环境污染等一系列问题。为了寻求更好的无毒、无腐蚀、对环境友好的新型催化剂，国内外众多公司、研究机构及科研院校先后投入大量的人力、物力进行研究开发，研制出氟化硅铝和杂多酸负载等多种高效固体酸催化剂，进而推动生产效率的提高与成本的大幅降低。

1）氟化硅铝催化剂

由 UOP 公司和 Petresa 公司联合开发的固体酸催化工艺 Detal 最近实现了工业化，由其所申请的专利来推测，其催化剂可能是将复合 SiO_2–Al_2O_3 用 HF 或 NH_4F 处理得到氟化硅铝。在各种催化剂组成中，SiO_2：Al_2O_3（质量比）为 75：25，含氟 2.5% 时具有最好的催化性能。

2）杂多酸

温朗友对各种 SiO_2 载体负载 PW（固载杂多酸催化剂）催化剂的性能进行了系统研究，通过筛选适宜的载体、用氟化物和金属离子改性等手段对负载杂多酸催化剂进行了改进，研制出 PW–F/H 负载杂多酸，并且对催化剂的寿命、失活原因及再生方法进行了研究。结果表明，PW–F/H 催化剂具有较长的单程寿命，在反应釜中可使用 50 次以上，在固定床反应器中单程寿命达到 400h。

2. 长链叔胺季铵化

将烷基化反应得到的芳基烷基羧酸酯通过成熟的工业化工艺加氢、胺化得到芳基烷基叔胺，然后再与 3- 氯 -2- 羟基丙磺酸钠在溶剂中发生反应生成羟磺基甜菜碱：

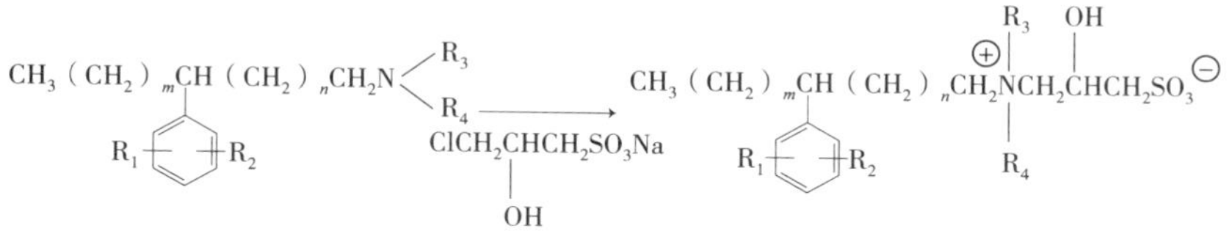

$$CH_3（CH_2）_mCH（CH_2）_nCH_2N\begin{matrix}R_3\\R_4\end{matrix} + ClCH_2CHCH_2SO_3Na \longrightarrow CH_3（CH_2）_mCH（CH_2）_n\overset{+}{N}CH_2CHCH_2SO_3^{-}$$

与烷基甜菜碱型表面活性剂的季铵化反应相比，芳基烷基甜菜碱型表面活性剂由于碳链的增加使得季铵化反应原料的极性相差较大，往往采用甲醇或者丙二醇等短链醇作为溶剂，或者加入相转移催化剂，来提高反应转化率。

三、芳基烷基甜菜碱型表面活性剂作用机理

为了从理论上阐明甜菜碱型表面活性剂分子在油水及岩石界面的吸附作用机理，精细合成了如图 3-28 所示的甜菜碱型表面活性剂。在系统的表（界）面 QSAR 研究基础上，提出甜菜碱型表面活性剂分子在表（界）面的排列及聚集模型，揭示了芳基烷基甜菜碱型表面活性剂作用机理。

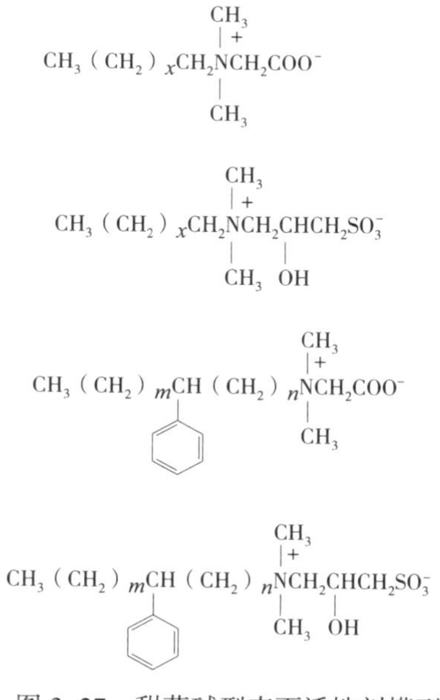

$$CH_3（CH_2）_xCH_2\overset{\overset{CH_3}{|}+}{\underset{\underset{CH_3}{|}}{N}}CH_2COO^{-} \qquad ACB, x=16$$

$$CH_3（CH_2）_xCH_2\overset{\overset{CH_3}{|}+}{\underset{\underset{CH_3}{|}}{N}}CH_2\underset{\underset{OH}{|}}{C}HCH_2SO_3^{-} \qquad ASB, x=16$$

$$CH_3（CH_2）_mCH（CH_2）_n\overset{\overset{CH_3}{|}+}{\underset{\underset{CH_3}{|}}{N}}CH_2COO^{-} \qquad BCB, m+n=16$$

$$CH_3（CH_2）_mCH（CH_2）_n\overset{\overset{CH_3}{|}+}{\underset{\underset{CH_3}{|}}{N}}CH_2\underset{\underset{OH}{|}}{C}HCH_2SO_3^{-} \qquad BSB, m+n=16$$

图 3-27 甜菜碱型表面活性剂模型化合物结构简式

1. 超低界面张力机理

ASB 和 BSB 平衡界面张力和浓度等温线如图 3-28 所示，相关参数在表 3-9 中列出。ASB 和 BSB 的临界胶束浓度分别是 4.95×10^{-6} mol/L 和 2.16×10^{-6} mol/L，相应的界面张力是 3.9mN/m 和 3.6mN/m。ASB 和 BSB 类似的临界胶束浓度和 IFT_{CMC}（临界胶束浓度下的界面张力）值表明他们相似的界面活性。BSB 的分子最小占有面积大于 ASB，这是由于 BSB 分子中苯环的空间位阻效应导致的。

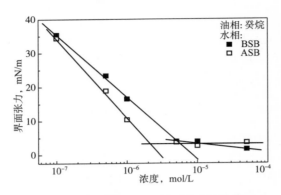

图 3-28　ASB 和 BSB 界面张力等温线

表 3-9　ASB 和 BSB 临界胶束浓度及头基面积

样品名称	临界胶束浓度，10^{-6}mol/L	界面张力，mN/m	分子截面积，nm^2
BSB	4.95	3.90	1.03
ASB	2.16	3.60	0.81

　　ASB 和 BSB 界面扩张流变结果如图 2-30 所示，从图中可以看出，ASB 与 BSB 界面模量达 80mN/m，较常规表面活性剂明显增加，界面具有一定黏弹性，证明甜菜碱型表面活性剂分子在界面紧密排列。

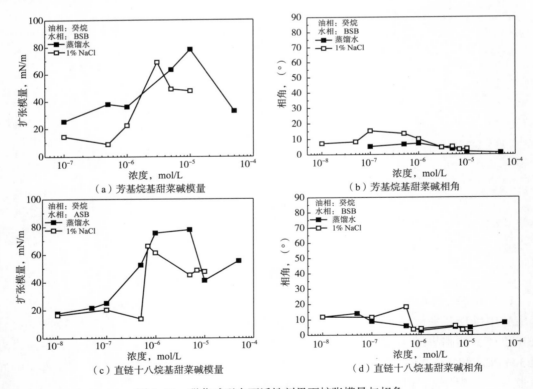

图 3-29　甜菜碱型表面活性剂界面扩张模量与相角

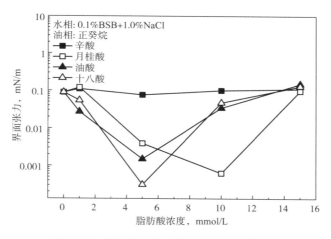

图 3-30　脂肪酸含量对平衡界面张力的影响

不同碳链长度与不同脂肪酸含量对平衡界面张力的影响结果如图 2-31 所示。从中可以看出，链长和酸性物含量是达到超低界面张力的关键。从图 2-32 的界面排布示意图可以看出，这种现象主要是由甜菜碱型表面活性剂界面排布的结构、甜菜碱型表面活性剂与酸性物在界面相互作用以及酸性物在界面上的竞争吸附决定的。

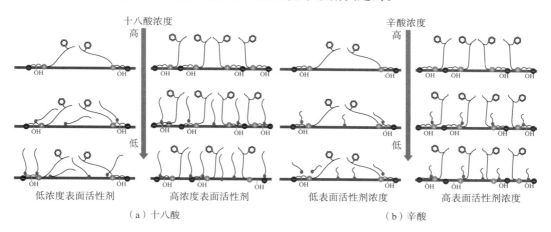

图 3-31　不同链长及用量脂肪酸与甜菜碱型表面活性剂界面的竞争吸附简图

采用 GROMACS 4.5 软件，选用 GROMOS 96 力场进行了模拟计算得到原子构型参数 S_Z：

$$S_Z = \frac{3}{2}\cos^2\theta - \frac{1}{2} \tag{3-2}$$

式中　S_Z——原子构型参数；

　　　　θ——连线与垂直界面的夹角，（°）。

若 $S_Z=1$，则表示连线与垂直界面方向的夹角为 0°；若 $S_Z=-1/2$，则表示连线与垂直界面方向的夹角为 90°。因此，其值越大，分子在界面上越直立。图 3-32 是分子模拟计算结果。研究发现，在 $S_Z=-0.5$ 附近，亲水基采用近似平躺构型在界面上排列。阴阳离子头之间连接基团中的羟基亲水、丙基疏水，导致亲水基团平铺在界面上，进而导致单独甜菜碱型表面活性剂界面活性不强。

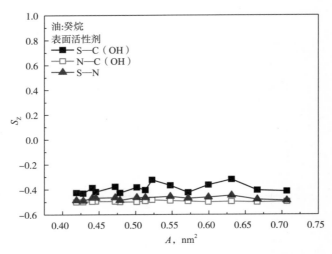

图 3-32　芳基烷基甜菜碱型表面活性剂亲水基键方位计算结果

同时，对甜菜碱型表面活性剂体系进行了等效烷烃碳数测定。图 3-33 分别是芳基烷基甜菜碱型表面活性剂、直链十八烷基甜菜碱型表面活性剂与模拟油及酸性模拟油的烷基碳原子数（ACN）测定数据结果。从图 3-33 中可以看出，脂肪酸的引入对甜菜碱体系 ACN 影响不大。甜菜碱型表面活性剂与脂肪酸形成强烈的正相互作用，通过界面的混合吸附，达到超低界面张力。从甜菜碱型表面活性剂独特的界面排布方式可以看出，酸性物质与甜菜碱型表面活性剂在适宜条件下的协同作用是获得油水超低界面张力的关键。

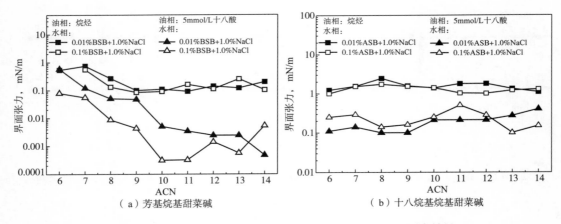

（a）芳基烷基甜菜碱　　　　　　　　　　（b）十八烷基烷基甜菜碱

图 3-33　甜菜碱型表面活性剂与烷烃与酸性模拟油 ACN 测定结果

2. 界面吸附机理

甜菜碱型表面活性剂在油藏岩石表面的吸附一方面会增大吸附损耗，另一方面润湿性的改变也会对驱油过程产生影响。因此，在不影响使用性能的前提下，必须控制甜菜碱型表面活性剂在油藏岩石表面的吸附。在利用接触角测量反映甜菜碱型表面活性剂分子在宏观固体表面的静态吸附量的基础上，通过表面张力和接触角与甜菜碱型表面活性剂浓度的定量关系分析，阐明了甜菜碱型表面活性剂在界面的吸附机理。

1）固体表面吸附

液滴在固体表面的状态如图 3-34 所示，其平衡接触角与三个界面自由能有关，可由杨氏方程描述如下：

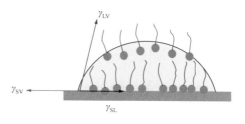

图 3-34　液滴在固体表面的受力分析

$$\gamma_{SV} - \gamma_{SL} = \gamma_{LV} \cos \theta \qquad （3-3）$$

式中　γ_{SV}——固—气的界面自由能，J/mol；

　　　γ_{SL}——固—液的界面自由能，J/mol；

　　　γ_{LV}——气—液的界面自由能，J/mol。

固体的 γ_{SV} 和 γ_{SL} 是评价固体表面润湿性能的重要参数。通常 γ_{SV} 和 γ_{SL} 的差值被定义为表面活性剂在固体表面的黏附张力，它体现了固液之间的黏附能力。根据杨氏方程，黏附张力能够通过 θ 和 γ_{LV} 计算，其值为 $\gamma_{LV}\cos\theta$。为了得到表面活性剂分子在固—气、固—液和气—液界面上的吸附关系，Lucassen-Reynders 结合杨氏方程和 Gibbs 公式，提出了通过 $\gamma_{LV}\cos\theta$— γ_{LV} 关系研究界面相对吸附的经验方法，其公式如下：

$$\frac{\mathrm{d}(\gamma_{LV}\cos\theta)}{\mathrm{d}\gamma_{LV}} = \frac{\Gamma_{SV} - \Gamma_{SL}}{\Gamma_{LV}} \qquad （3-4）$$

式中　Γ_{SV}——固—气的界面吸附量，mmol/g；

　　　Γ_{SL}——固—液的界面吸附量，mmol/g；

　　　Γ_{LV}——气—液的界面吸附量，mmol/g。

一般情况下，假设 $\Gamma_{SV}=0$（固—气界面没有与溶液接触，不存在表面活性剂吸附），那么通过对 CMC 之前 $\gamma_{LV}\cos\theta$—γ_{LV} 曲线拟合，能得到表面活性剂的 Γ_{SL}/Γ_{LV} 值。同时通过斜率与 Γ_{LV} 值能计算出 Γ_{SL}，进而计算出表面活性剂在固体表面的吸附面积。

2）甜菜碱型表面活性剂固体表面吸附机理

表面活性剂吸附在固—液界面上会改变固—液界面张力，但尚未有直接的测量方法。利用 OWRK 方法可测得给定的固体表面张力，再测定溶液的表面张力以及溶液与给定固体表面的接触角，利用杨氏方程即可计算出固—液界面张力。图 3-35 为 ACB、ASB、BCB 和 BSB 的石英—水界面张力随浓度变化曲线，利用 Gibbs 吸附公式，可由斜率计算得到各阶段的吸附量。

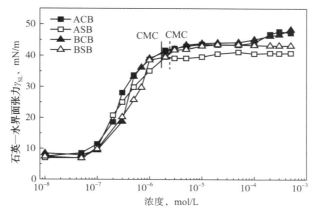

图 3-35　甜菜碱型表面活性剂浓度对石英—水界面张力的影响

　　不同结构甜菜碱型表面活性剂的接触角、表面张力和黏附张力随浓度变化趋势如图3-36所示。从图中可以看出，ACB和BCB的黏附参数随浓度变化可以分为4个区域，而ASB和BSB只存在3个区域。以ACB为例，其在石英表面的吸附机制如图3-37所示。

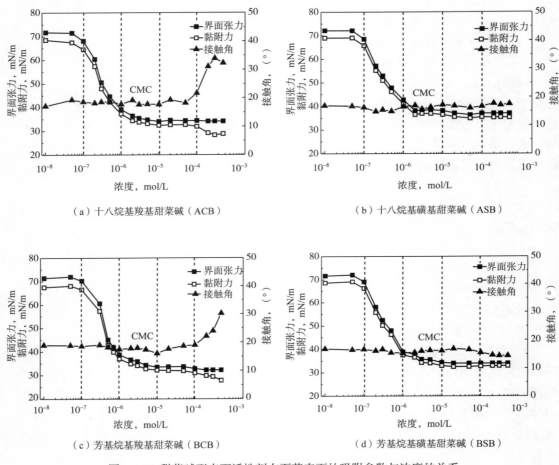

（a）十八烷基羧基甜菜碱（ACB）　　　　　　　（b）十八烷基磺基甜菜碱（ASB）

（c）芳基烷基羧基甜菜碱（BCB）　　　　　　　（d）芳基烷基磺基甜菜碱（BSB）

图3-36　甜菜碱型表面活性剂在石英表面的吸附参数与浓度的关系

　　区域一（$1 \times 10^{-8} \sim 5 \times 10^{-8}$ mol/L），表面活性剂分子在气—液界面和固—液界面吸附均较少，表面张力变化不大，接触角和黏附张力随浓度的增加几乎不变。

　　区域二（5×10^{-8} mol/L~CMC），由于表面活性剂分子在气—液界面和固—液界面吸附并形成不饱和吸附层，表面张力随浓度增加明显降低。同时，表面活性剂分子通过范德华作用力吸附在石英表面，使石英表面越来越疏水，黏附张力降低。由于此时的接触角小于90°，表面张力的降低会导致接触角减小；另外，黏附张力的降低会造成接触角增大。两方面因素的竞争结果使此阶段的接触角保持不变。

　　区域三（CMC~5×10^{-5} mol/L），当体相浓度超过其CMC后，表面活性剂分子在气—液界面形成了饱和吸附层，γ_{LV}保持不变。另外，与阳离子表面活性剂不同的是，ACB表面活性剂分子并没有直接在石英表面继续吸附，而是形成了暂时的饱和吸附层，

γ_{SL} 保持不变。因此表面张力、接触角和黏附张力等参数在这个阶段随浓度的增加几乎不变。

区域四（$5 \times 10^{-5} \sim 5 \times 10^{-4} \text{mol/L}$），体相浓度进一步增加，表面活性剂在体相中形成胶束，在气—液界面上吸附饱和，γ_{LV} 仍然保持不变；但表面活性剂通过分子中正电部分与石英表面负电部分的静电作用继续在石英—液界面上吸附。与阳离子表面活性剂不同的是，甜菜碱型表面活性剂再次吸附的表面活性剂分子并不会形成吸附双层，主要是因为在甜菜碱型表面活性剂分子结构中同时存在正电部分及负电部分，其正电部分与石英表面的静电作用并不足以形成紧密的吸附单层，因而无法通过疏水部分作用形成双层结构。同时，随着体相浓度增加，表面活性剂分子逐渐直立，吸附量明显增加，γ_{SL} 再次降低，黏附张力再次增大。由于此时只有造成接触角增大的因素起作用，因此接触角陡增。

对于 ASB，并不存在图中的区域四，接触角在整个实验浓度范围内保持不变，同时黏附张力在 CMC 后也保持不变。这说明不同于 ACB，ASB 在浓度超过 CMC 后并不会再次吸附。从表面活性剂结构式可以看出，ASB 中同时存在着较大的亲水极性头以及羟基基团，因此，ASB 在石英表面的吸附特点更为复杂：一方面，较大的亲水基导致的空间位阻作用明显，使表面活性剂分子在石英表面的吸附量较少，黏附张力增加的幅度较 ACB 有所减弱，因此，接触角随浓度降低的幅度较 ACB 明显减弱；另一方面，羟基的存在能在 ASB 与石英表面形成氢键，使分子在石英表面排列得更为紧密，表面活性剂分子的吸附量增加，从而使 ASB 改变石英表面润湿能力较 ACB 明显增强。但是，实验结果却显示，ACB 在石英表面的吸附能力更强，这说明亲水基带来的空间位阻作用对 ASB 在石英表面的吸附影响更大，造成其在高浓度时并不能再次吸附。

BCB 和 BSB 在石英表面的吸附行为分别与 ACB 和 ASB 类似，吸附参数变化曲线如图 3-36 所示，吸附机理模型如图 3-37 所示。值得注意的是，BCB 中苄基的引入会存在空间位阻，造成高浓度时再次吸附的吸附量较 BCB 的略低。因此，ACB 具有更强的改变石英表面润湿性的能力。

四、芳基烷基甜菜碱型表面活性剂性能

系统评价结果表明，芳基烷基甜菜碱型表面活性剂具有以下几方面的显著特点：（1）具有优异的降低油水界面张力的效能和效率；（2）乳化性能较好且通过重力可使乳状液自行破乳；（3）抗吸附性能优异；（4）二元体系具有较好的稳定性；（5）具有较高的驱油效率。

采用大庆油田井口脱水原油及联合站回注污水对芳基烷基甜菜碱型表面活性剂二元体系界面张力进行了测定，结果如图 3-38 所示。对于大庆油田采油一厂、油田采油六厂油水二元体系在表面活性剂浓度为 0.025%~0.3% 的范围内均形成超低界面张力。当表面活性剂浓度为 0.05%~0.3% 时，在 15min 左右就能达到超低界面张力，与烷基苯磺酸盐三元体系形成 10^{-3}mN/m 的速度几乎相同，界面张力稳定，一直保持在 $2 \times 10^{-3} \text{mN/m}$ 左右。由此可见，芳基烷基甜菜碱型表面活性剂具有优异降低界面张力的能力和效率。

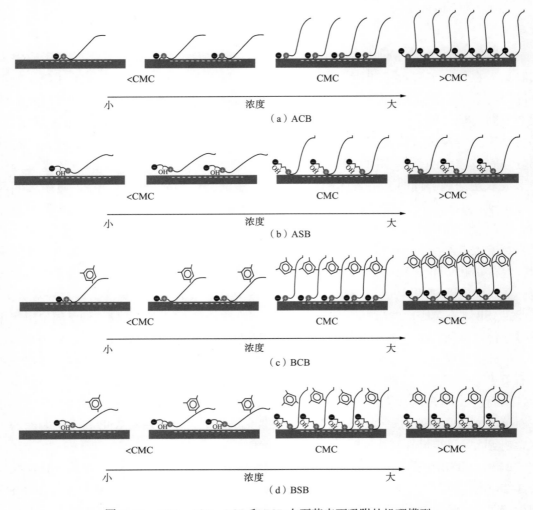

图 3-37　ACB、ASB、BCB 和 BSB 在石英表面吸附的机理模型

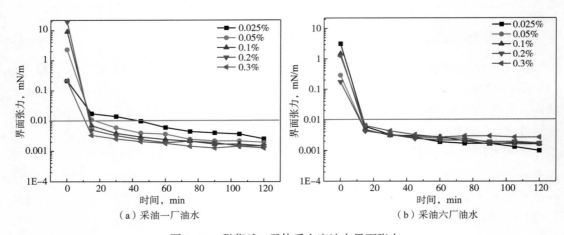

图 3-38　甜菜碱二元体系大庆油水界面张力

聚合物分子量 1900×10^4，2000mg/L

驱油体系吸附性能是其能在较大作用距离内保持良好洗油效率的关键因素。采用静态吸附次数近似模拟这种动态的吸附过程表征其吸附性能，结果如图3-39所示。可以看出，芳基烷基甜菜碱型表面活性剂体系对大庆油田采油一厂油水吸附11次、大庆油田采油六厂油水体系吸附12次后界面张力仍然达到超低，抗吸附性能较优异。

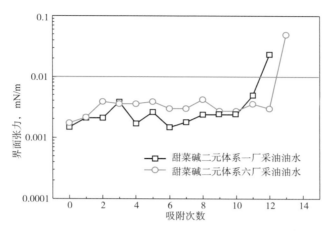

图3-39 芳基烷基甜菜碱型表面活性剂二元复合体系吸附次数对界面张力的影响

表面活性剂浓度0.2%，聚合物分子量1900×10^4，2000mg/L

ASP三元复合体系由于碱的存在具有较好的吸附性能，二元复合体系要达到三元复合体系的吸附性能对表面活性剂提出了较高的要求。芳基烷基甜菜碱型表面活性剂二元复合体系优异的吸附性能主要源于以下几方面因素：（1）芳基烷基甜菜碱型表面活性剂界面性能优异，在很低的浓度（0.025%）下界面张力即可达到超低；（2）芳基烷基甜菜碱型表面活性剂配方体系组分单一，克服了由于表面活性剂配方复杂引起的色谱分离，保持了配方体系的稳定；（3）近似电中性的芳基烷基甜菜碱型表面活性剂也可能减少由于岩石静电位的吸附产生的吸附损失。

采用大庆二类储层天然岩心对芳基烷基甜菜碱型表面活性剂二元复合体系驱油效率进行了评价，结果见表3-10。可以看出，芳基烷基甜菜碱型表面活性剂二元复合体系在水驱采收率40%左右基础上，可提高采收率18个百分点以上。

表3-10 芳基烷基甜菜碱型表面活性剂二元复合体系天然岩心驱油实验结果

序号	岩心渗透率，mD	含油饱和度，%	水驱采收率，%	化学驱采收率，%	总采收率，%
1	370	62.55	39.60	19.60	61.90
2	556	66.15	35.47	18.02	63.80
3	513	65.00	40.64	21.46	62.09
4	395	65.20	40.16	18.45	58.61
平均值	459	64.73	38.97	19.38	61.60

注：聚合物分子量1900×10^4，有效浓度在0.05%~0.30%，总用量≤1000mg/L·PV；表面活性剂有效浓度在0.15%~0.30%，总用量≤900mg/L·PV。

芳基烷基甜菜碱型表面活性剂具有与烷基苯磺酸盐同等优秀的动态界面张力与平衡界面张力性能；优异的抗吸附性能可以保证驱油体系在岩心较长的作用距离仍能保持这种超

低界面张力，超低界面张力使得毛细管数大大增加，大幅提高洗油效率；芳基烷基甜菜碱型表面活性剂二元复合体系具有较好的乳化性能，不但能通过乳化夹带驱替残余油，同时能通过乳化增黏提高注入压力，扩大波及效率；芳基烷基甜菜碱型表面活性剂二元复合体系还完整地保存了聚合物的黏弹性能，使得水驱后残余油能够以油丝和乳状液形式被携带和运移。基于以上因素，芳基烷基甜菜碱型表面活性剂二元复合体系具有较好的驱油性能。

大量的室内实验及现场应用表明，复合驱油体系乳化性能是取得高效驱油效果的重要保障。以芳基烷基甜菜碱型表面活性剂体系为主体，通过加入乳化剂，得到了具有不同乳化效果的二元复合驱油体系。不同乳化效果二元复合驱油体系的采收率见表3-11。由表3-11可以看出，采用芳基烷基甜菜碱型表面活性剂（浓度为0.3%）、分子量970×10^4的聚合物（浓度为2000mg/L）的二元复合体系，在贝雷岩心中进行驱替时，改变乳化剂类型增强乳化效果，可使二元驱提高采收率幅度由20.04%提高到27.0%；将甜菜碱活性剂—强化EO（环氧乙烷）类乳化剂浓度由0.3%提高到0.35%时，可使二元驱提高采收率幅度由27.0%提高到32.15%。随着乳化效果的增强，二元复合驱油体系采收率大幅度增加。

表3-11　不同乳化效果二元复合体系贝雷岩心驱油实验结果

二元复合体系	乳化剂	岩心编号	采收率，%
基础二元复合体系： 0.3%甜菜碱型表面活性剂＋聚合物 （分子量970×10^4、浓度2000mg/L）	无	130927-9-3	19.25
		130927-9-4	20.82
		（平均值）	20.04
乳化二元复合体系： 0.3%（表面活性剂＋乳化剂）＋聚合物 （分子量970×10^4、浓度2000mg/L）	常规EO类Ⅰ	130927-9-5	19.42
	常规EO类Ⅱ	130927-9-15	23.78
	强化EO类	130927-9-2	27.00
强乳化高浓度二元复合体系： 0.35%（表面活性剂＋强化乳化剂）＋聚合物 （分子量970×10^4、浓度2000mg/L）	强化EO类	130927-9-7	33.22
		130927-9-11	31.07
		（平均值）	32.15

第四节　界面位阻表面活性剂

以复合驱降本增效为目标，从优化主剂和体系配方等方面入手，发展提质提效技术。基于复合驱相态综合评价技术，利用分子动力学的最新研究成果，开展新型高效表面活性剂分子结构设计，研制出了性能优良的新型界面位阻表面活性剂，建立了专有合成工艺技术，并实现中试放大生产，与大庆油田在用的强碱烷基苯磺酸盐表面活性剂复配，大幅提升复合体系界面性能，研发出适用于弱碱、无碱的高效复合体系。

一、界面位阻表面活性剂设计思路

对于常规表面活性剂，由于分子中亲水和亲油基团之间急剧转变，没有过渡区域，在外界环境发生变化时易于导致其亲水—亲油平衡被破坏从而失去界面活性。而在高盐度水介质中，离子型表面活性剂由于头基电荷作用受到屏蔽，导致水溶性下降直至不溶。

界面位阻表面活性剂分子结构主要由疏水基、界面位阻基团以及亲水基三部分组成，如图3-40所示。不同于传统的表面活性剂，界面位阻表面活性剂分子的非极性疏水基与极性亲水基通过弱极性的界面位阻基团进行连接，使得表面活性剂分子具有一定的极性过渡，能够增强其与油、水分子在界面上的相互作用，从而显著提升其界面性能，强化对油、水的增溶能力。

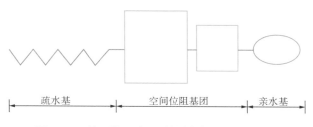

图3-40　界面位阻表面活性剂分子结构示意图

在界面位阻基团的选择上，设计合成了两种类型的界面位阻基团，包括偏亲油的界面位阻基团A和偏亲水的界面位阻基团B。根据亲水—亲油平衡（HLB）理论，基团A虽然总体亲油，但亲油性比烷基链要弱得多，而基团B虽然亲水，但亲水性远低于离子型以及两性型头基。于是在界面位阻表面活性剂的分子结构中出现了亲油—亲水的梯度变化：从强亲油到弱亲油，再到弱亲水，最后到强亲水。

基团A的引入增加了界面位阻表面活性剂对弱极性油的增溶能力，能够进一步增大中相微乳液的体积，且增溶能力随着基团A数量的增多而增强。同时，基团A的存在能够使油—水界面之间的过渡变得更为平缓，从而可以减少长链烷基对表面活性剂水溶性降低的影响。这种平缓过渡有利于降低油—水界面张力，当基团A的数量在一定范围内时，界面张力随其数量的增加可以变得更低。然而，只含有基团A的界面位阻表面活性剂用于降低油—水界面张力时，当水相中盐浓度增大到一定程度后，界面张力在较短时间内达到最低值，但随后显著增大。这种现象是由于表面活性剂的强亲油性所致，它们迅速由水相迁移到油—水界面，随后又从界面脱附而进入油相（图3-41）。

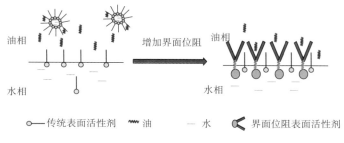

图3-41　界面位阻表面活性剂油水界面分布示意图

因此，在增加基团A数量的同时，通过加成一定数量的亲水性基团B，则能补偿基团A的增加造成的亲油性偏强，维持表面活性剂分子整体的亲水—亲油平衡，从而将该类表面活性剂锚定在油—水界面，获得稳定的油—水界面张力降低，并提高其水溶性及抗电解质能力。同时通过在亲水基和亲油基间引入柔性链，使表面活性剂在良好溶解性的同时增大表面活性剂分子界面位阻，增加表面活性剂分子在油水界面排布的稳定性，易与油相形成中间相，大幅提高驱油效率。

二、界面位阻表面活性剂合成工艺

1. 合成原理

（1）界面位阻基团加成反应。界面位阻基团的加成反应分为两步，第一步脂肪醇加成基团 A 后，再通过第二步反应加成基团 B，反应式如下：

$$C_nOH + 中间体原料\ A \xrightarrow{\text{中间体催化剂1}} C_nA_x$$

$$C_nA + 中间体原料\ B \xrightarrow{\text{中间体催化剂2}} C_nA_xB_y$$

其中，x、y 根据产品要求进行控制。

（2）硫酸化反应。界面位阻表面活性剂亲水基加成的硫酸化反应式如下：

$$C_nA_xB_y + 硫酸化试剂 \xrightarrow{\text{溶剂}} C_nA_xB_y—ES$$

（3）中和反应。硫酸化反应后得到的产品通过与 NaOH 中和得到最终的硫酸钠盐产品，反应式如下：

$$C_nA_xB_y—ES + NaOH \longrightarrow C_nA_xB_y—SO_xNa$$

2. 生产工艺流程设计

（1）界面位阻基团加成反应工艺。

界面位阻基团加成反应工艺的特点：①界面位阻基团加成反应的过程包括：氮气置换—进料—诱导反应—反应—老化—脱气冷却—排料等步骤；②反应是强放热反应，反应热约为 2140kJ/kg 中间体原料；③中间体原料 B 易燃、易爆、有毒，爆炸极限 3.6%~100%），一旦泄露极易发生火灾和爆炸，造成重大事故。为保证安全生产，装置必须采用 DCS 自动化控制，确保反应安全有序，进行正常生产。

由于高碳醇起始剂熔点较高，黏度较大，选择 Press 反应器是不合适的。单一的 Buss 反应器也不合适，决定在其中增加搅拌器，提高容器内的传热和传质，结合 Buss 反应器的喷射器功能，把反应器顶部的气相吸入，降低了搅拌轴转动而产生的安全风险。

反应前，系统用抽真空、充氮气的方式置换 2~3 次，使系统内气相中的残留氧含量在 10×10^{-6} 以下。起始原料升温至规定温度，进中间体原料开始反应，利用文丘里喷射混合器的原理，使中间体原料的气相与循环物料进行混合反应。即由物料的喷射引起局部真空，将原料气体吸入文丘里混合器，这里物料是连续相，而中间体原料 A、B 是分散相。由于在文丘里混合器中中间体原料 A、B 分散性能远比喷雾混合式反应器好，因此，其反应速率高，产品质量优于喷雾混合式反应器，对于黏度高的起始原料具有独特的优势。该环路反应器，同样利用外循环换热器撤除反应热。

反应系统的温度、压力、中间体原料 A、B 加入量和导热油循环系统均由仪表自动控制。

工艺特点：①氮气保护的压力较高，反应器头部空间的氮气分压大于 50%，在中间体原料的安全范围内，不会产生任何危险的可能，安全性能好；②反应器的设计压力高达 4.5MPa，设计温度 220℃，操作压力 0.2~0.4MPa，操作温度 135~140℃，这样的反应器基本不会发生物理爆炸；③反应结束时，头部气相中残留的中间体原料低于 1×10^{-6}，利于保护环境；④反应速率高。

中间体原料 A、B 加料结束后，仍有少量原料存在于反应器的气相和物料中，需进行熟化操作，反应物料继续循环反应 10~15min，直到全部反应完。熟化程度由反应器的残余压力来确定，当反应器的残余压力不变时，即认为熟化结束。

冷却脱气：反应结束后，冷却到 90℃以下，并将反应器中剩余气体排至尾气处理单元。

（2）硫酸化反应工艺。

中间体的硫酸化反应通过选定的硫酸化试剂及反应溶剂在搅拌釜中进行。原料在 57~72℃时开始透明，65~78℃完全透明，在 90~95℃反应 3h（反应 5~10min 时开始变色），压力为常压。

硫酸化试剂的加入量：硫酸化试剂∶中间体 =2 ∶ 1（物质的量比），分批加入。

反应溶剂的加入量为中间体质量的 5%。

硫酸化反应器采用搅拌反应釜，夹套蒸汽加热，搅拌采用锚桨组合的搅拌器，采用 SUS316L 不锈钢材料。

（3）中和反应工艺。

硫酸化反应得到的产品通过与 NaOH 中和得到最终的硫酸钠盐产品。由于脂肪醇的碳链较长，单体的黏度和稠度很大，需要加异丙醇进行降黏以便于搅拌和反应。反应温度 50℃，抽真空操作。

NaOH 为 30% 的液碱，以滴加方式加入反应釜，搅拌桨应适应黏稠物料的搅拌。

置换反应器采用搅拌反应釜，夹套蒸汽加热，搅拌采用锚桨组合的搅拌器，采用 SUS316L 不锈钢材料。

反应生成的尾气去吸收塔进行化学吸收，因此，反应为负压操作。

（4）生产工艺参数优化。

在界面位阻表面活性剂实验室合成的前期研究中，得到了界面位阻基团加成数量较少的小试产品。由于这些小试产品的分子结构中界面位阻基团所占比例较小，难以充分发挥其平缓过渡油—水界面、提高复合体系整体水溶性及耐盐能力的优势。因此，对界面位阻表面活性剂的分子结构进行了改进，进一步增加了单分子中界面位阻基团的数量以提高其在分子结构中的占比。随着分子中界面位阻基团加成数量的增加，其加成难度也逐渐增大。通过对反应催化剂类型及用量、反应温度和压力等条件进行优化，在中试装置上生产出了吨级界面位阻表面活性剂中间体。

在单因素反应条件优化的基础上，给出中试生产操作流程及最终优化后的工艺参数。

①高分子量嵌段亲水基加成工艺技术。

针对现有传统技术加成反应慢、聚合度低的问题，利用多元催化剂，实现高效引发加成，研发出高分子量嵌段亲水基加成工艺技术（图3-42），满足界面位阻表面活性剂高分子量的设计要求。

②界面位阻表面活性剂专有硫酸化技术。

针对传统工业磺化剂硫酸化中间体反应剧烈导致嵌段亲水基裂解、转化率低的问题，利用新型磺化剂，有效控制反应温和进行，形成界面位阻表面活性剂专有硫酸化技术，转化率达到90%以上（图3-43）。

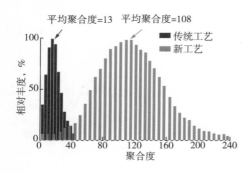

图3-42　不同工艺合成产品的聚合度分布　　　　图3-43　不同磺化剂的转化率对比

采用国产工业原料，优化合成工艺参数，国内首次实现界面位阻表面活性剂吨级中试放大，为工业生产奠定了基础。

三、界面位阻表面活性剂性能

依据表面活性剂协同作用机理，通过表面活性剂复配和碱（电解质）浓度调节，提升复合体系综合相态性能，采用界面位阻型表面活性剂与大庆在用的烷基苯磺酸盐表面活性剂复配，实现了强碱表面活性剂的弱碱化、无碱化。

1. 表面活性剂溶解性能

该表面活性剂和大庆油田在用的强碱烷基苯磺酸盐表面活性剂复配，可使复合体系溶解性能大幅提升（图3-44、图3-45）。

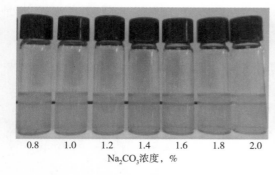

图3-44　弱碱体系溶解性　　　　　　　图3-45　无碱体系溶解性

2. 复合体系界面张力性能

采用放大生产产品配制的新型弱碱和无碱驱油体系，在较宽的电解质范围内与原油形成超低界面张力（图3-46、图3-47）。

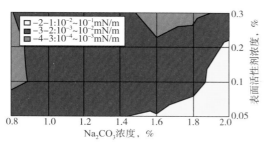
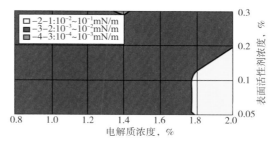

图 3-46 弱碱体系动态界面活性

图 3-47 无碱体系动态界面活性

3. 复合体系抗吸附性能

采用放大生产产品配制的新型弱碱（0.3% 表面活性剂 +1.6% Na_2CO_3）和无碱驱油体系（0.3% 表面活性剂 +1.6% 电解质）在吸附 7 次后界面张力上升到 10^{-2}mN/m，具有良好的吸附性能（图 3-48、图 3-49）。

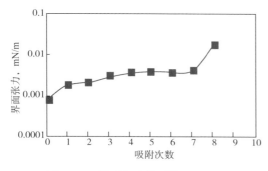
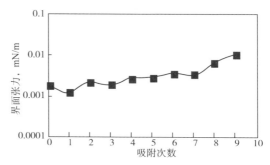

图 3-48 弱碱复合体系抗吸附性能评价

图 3-49 无碱复合体系抗吸附性能评价

4. 复合体系乳化性能

利用复合驱相态综合评价技术开展复合驱油体系乳化性能评价，采用放大生产产品配制的新型弱碱和无碱驱油体系与原油作用后可以形成稳定的中相微乳液乳化实验结果表明，性能改善后的强碱表面活性剂在高活性剂浓度形成油包水型和水包油型乳状液的能力增加（图 3-50）。

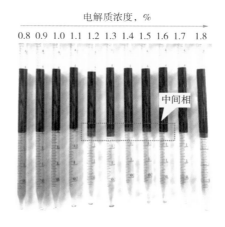

图 3-50 性能改善后工业产品乳化评价结果

5. 复合体系稳定性

在 45℃下，考察了性能改善后强碱烷基苯磺酸盐工业产品复合体系的界面张力稳定性和黏度稳定性。评价结果表明，在 90 天的考察期内，性能改善后的强碱烷基苯磺酸盐工业产品的复合体系具有较好的界面张力稳定性和黏度稳定性（图 3-51、图 3-52）。

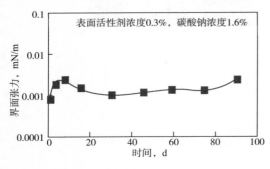

图 3-51　弱碱复合体系界面张力稳定性　　　图 3-52　无碱复合体系界面张力稳定性

6. 复合体系驱油效果

用贝雷岩心进行驱油实验，按照水驱 + 0.3PV 表面活性剂—聚合物二元主段塞 + 0.2PV 后续聚合物段塞的注入方式，对新型高效复合体系的驱油效果进行了评价（表 3-12）。实验结果表明，新型复合体系平均可比水驱提高采收率 40 个百分点以上，较大庆油田现有体系平均多提高采收率 12 个百分点以上，具有较好的驱油效率。

表 3-12　新型高效复合体系贝雷岩心物理模拟驱油效果

体系类型	气测渗透率mD	含油饱和度%	水驱采收率%	化学驱采收率%	化学驱平均采收率%	总采收率%
石油磺酸盐弱碱复合体系	383	68.74	35.99	28.03	28.26	64.02
	423	68.04	37.20	27.05		64.25
	395	65.47	36.59	29.71		66.3
弱碱新型复合体系	409	63.66	38.03	41.37	40.45	79.34
	409	65.08	36.83	39.65		76.48
	421	63.40	37.03	40.32		77.35
无碱新型复合体系	350	63.82	37.11	40.36	40.83	77.47
	350	63.30	35.69	39.28		74.97
	339	65.02	36.67	42.86		79.52

第五节　生物表面活性剂

生物表面活性剂是生物细胞内及代谢出的两亲物质，具有合成表面活性剂所没有的结构特征和性能。该类表面活性剂通过发酵制得，可一次大量培养，且成本低廉、易于降解、对环境污染小。作为一种很有潜力的驱油体系，生物表面活性剂被广泛研究。根据亲水基的类型，生物表面活性剂可分为糖脂类生物表面活性剂、酰基缩氨酸类生物表面活性剂、磷脂类生物表面活性剂、脂肪酸类生物表面活性剂和高分子生物表面活性剂。

大庆油田采油七厂以鼠李糖脂复配驱油体系进行了生物表面活性剂现场试验。室内筛选评价发现，以鼠李糖脂与脂肪酰胺磺基顺丁烯二酸单酯钾盐组成的复配体系可与大庆葡北原油达到超低界面张力。通过岩心实验优化出了复配体系注入方案，在大庆葡北三断块进行了 2 注 9 采现场试验。13 个月累计增油 2014t，单井平均增油 224t，投入产出比为 1:2.4。

大庆油田采油二厂以脂肽和石油磺酸盐复配，利用脂肽分子亲水基大、疏水基小，石油磺酸盐分子亲水基小、疏水基大，在油水界面上两种分子结构互补，分子数增加，界面上表面活性剂排列更紧密。脂肽与石油磺酸盐电性互补，界面膜强度增强。电喷雾质谱分析表明，脂肽易正离子化，石油磺酸盐易负离子化；在溶液中两种分子相互吸引，电性互补，分子密度加大，界面活性增强。通过室内配方优化了复合体系注入方案，在萨南开发区二类油层进行了现场试验，中心井区阶段采出程度 18.9%，提高采出率 17.11%，预计综合含水率 98% 时，提高采收率达到 19.2 个百分点，高于方案设计 3.2 个百分点。

第六节　其他类型表面活性剂

一、烷醇酰胺及其衍生物

烷醇酰胺属于非离子型表面活性剂，由脂肪酸与烷基醇胺缩合制得。烷醇酰胺及其衍生物生产原料丰富、可再生、生产工艺简单且具有较好的界面活性，同时具有较强的耐盐性和一定的耐温性，可适用于中低温、中高矿化度油藏条件。

烷醇酰胺的工业生产路线主要包括脂肪酸法、脂肪酸甲酯法和油脂法。其中，脂肪酸法以脂肪酸与二乙醇胺在催化剂作用下直接反应制备烷醇酰胺[54]。此反应是可逆的，须及时把生成的水移出体系。该反应方程式如下：

$$RCOOH + HN\diagup^{CH_2CH_2OH}_{\diagdown CH_2CH_2OH} \longrightarrow R-\overset{\overset{\displaystyle O}{\|}}{C}-N\diagup^{CH_2CH_2OH}_{\diagdown CH_2CH_2OH} + H_2O$$

该方法工艺较简单，但产品纯度不高。反应除生成烷醇酰胺外，二乙醇胺与烷醇酰胺上的羟基与脂肪酸还同时反应分别生成醇胺单酯和醇胺双酯、酰胺单酯和酰胺双酯。

Ernst 采用两步法进行脂肪酸与二乙醇胺的反应以提高产品纯度：第一步，脂肪酸和二乙醇胺反应生成醇胺酯和酰胺酯；第二步，添加催化剂使未反应的二乙醇胺与第一步的产物反应制备脂肪酸二乙醇酰胺。小山基雄对两步法做了进一步研究，发现第二步反应时，酰胺单酯和双酯在 100℃ 下经数小时即可转化为烷醇酰胺，而醇胺单酯和双酯要经过几天甚至几周才能转化为烷醇酰胺。因此，为抑制醇胺酯的生成，在第一步反应中减少醇胺用量使反应只生成酰胺酯，在两步反应中分别使用醇胺。采用该改进的两步法可通过短时间反应制得高纯度脂肪酸二乙醇酰胺。

大庆石油学院以混合脂肪酸和二乙醇胺为反应原料，采用改进的一步法合成烷醇酰胺 NOS[55]。由 NOS、氢氧化钠和聚合物组成的三元体系与大庆原油间界面张力达到 10^{-3}mN/m 数量级。室内岩心实验表明，NOS 三元体系在水驱 30.1% 基础上提高采收率 21.5%。西安交通大学[56] 使用植物油脚采用常压多段水解工艺获得混合脂肪酸，再以脂肪酸与二乙醇胺在添加催化剂和甲醇的条件下，通过改进的一步法制得烷醇酰胺。合成产物与弱碱 Na_2CO_3 复配后，在 0.3% 时可与原油达到超低界面张力范围。冯茹森[57] 研究了混合型烷醇酰胺组成对油—水界面张力的作用机制。采用气质联用仪分析了混合型烷醇酰胺的组成，并研究了不同链长烷醇酰胺在大庆原油条件下表面活性剂组成对油—水界面张力的影响规律，发现十四酸二乙醇酰胺/十二酸二乙醇酰胺（C_{14}DEA/C_{12}DEA）相对含量是影响界面活性的关键因素；适量月桂酸和二乙醇胺助剂的加入对体系降低界面张力有一定的促进作用。

此外，烷醇酰胺与甜菜碱型表面活性剂、阴非表面活性剂复配也表现出较好的协同效应。中国石油大学（华东）[58] 研究了羧基甜菜碱—烷醇酰胺复配体系的界面性能，发现二者具有明显的协同效应。在两种表面活性剂以 1∶1 和 2∶1 复配时，在表面活性剂总浓度 0.005%~0.2% 范围内，油水界面张力可降至 10^{-4}mN/m 数量级，界面活性优异。单一的羧基甜菜碱或烷醇酰胺与原油间界面张力均达不到超低。由烷醇酰胺和阴非磺酸盐表面活性剂组成的复配表面活性剂体系用于马寨油田高温高盐油藏调驱试验研究[59]。室内天然岩心驱油实验表明，在平均水驱采收率 54.7% 基础上，添加了螯合剂与碳酸钠的复配表面活性剂驱油体系提高采收率 13.9%。

烷醇酰胺分子中的羟基可再进行聚氧乙烯化、硫酸酯化和磷酸酯化等反应，生成烷醇酰胺聚氧乙烯醚、烷醇酰胺硫酸盐和烷醇酰胺磷酸盐等非离子表面活性剂和阴非表面活性剂衍生物，从而赋予产品新的性能。大庆油田勘探开发研究院以天然油脂为原料先生产出脂肪酸甲酯，再经酰胺化和乙氧基化两步反应制得烷醇酰胺聚氧乙烯醚表面活性剂。通过调节分子中亲油基的大小以及亲水基聚氧乙烯醚的聚合度，使其适应不同类型的油水条件。该表面活性剂在无碱条件下具有较好的界面活性，抗吸附性能达到 5 次；室内天然岩心驱油实验表明，表面活性剂—聚合物二元体系在水驱 41% 的基础上提高采收率 18.6%。

二、渣油磺酸盐

渣油磺酸盐阴离子表面活性剂以渣油为生产原料，通过磺化、中和两步反应制得。该类表面活性剂生产原料廉价、来源广泛；产品降低油水界面张力的能力较强；分子结构稳定且含有磺酸基，因而具有较好的耐温性能。但是，由于原料渣油结构复杂，导致渣油磺酸盐表面活性剂为复杂结构的混合物，产品质量易于随原料的改变而波动。

以沸点大于 500℃ 的塔底大庆渣油馏分为原料，使用 SO_3 为磺化剂通过磺化、老化和中和制得渣油磺酸盐 OCS 表面活性剂。该产品大致组成为：活性物含量 50.0%、未磺化油 17.8%、挥发分 30.2%、无机盐 2.0%。评价结果表明：在 NaOH 存在条件下，OCS 表面活性剂能在较宽的碱浓度范围内与大庆油田采油四厂原油间界面张力达到 10^{-3}mN/m 数量级；在 Na_2CO_3 存在条件下，能在较宽的碱浓度范围内使大庆油田采油四厂原油、华北油田古一联原油及胜利孤东原油的油—水界面张力降至 10^{-3}mN/m 数量级。无碱条件下，0.1% OCS 表面活性剂与大港油田枣园 1256 断块原油间界面张力可达超低范围。使用天然岩心和大庆油田采油四厂原油进行的驱油试验结果表明[60]，OCS 表面活性剂、NaOH 和聚合物组成的三元复合体系在水驱 44% 基础上提高采收率 20% 以上。

对于使用渣油磺酸盐的含碱三元体系，强碱（NaOH）体系比弱碱（Na_2CO_3）体系更容易形成超低界面张力，即体系达到超低界面张力的时间较短；高碱浓度体系比低碱浓度体系更容易形成超低界面张力；聚合物 HPAM 的引入使得不同体系达到超低界面张力的时间延长[61]。

以渣油磺酸盐表面活性剂为主体并引入耐盐基团制得 ROS 驱油表面活性剂，应用于华北油田晋 45 断块高温高盐油藏调驱现场试验[62]。晋 45 试验区油藏温度 117℃、地层水矿化度 38774 mg/L，属典型高温高盐油藏。室内评价表明，0.20%ROS 表面活性剂在无碱条件下可与晋 45 原油达到超低界面张力，且老化 8 天后仍能维持超低界面张力。人造岩心驱油实验结果表明，0.3PV 表面活性剂 ROS 在水驱采收率 60% 基础上可提高采收率 13% 以上。调驱现场试验实施近 2 年，16 口油井见效 12 口，累计增油 16549t，取得较好的效果[63]。

三、石油羧酸盐

石油羧酸盐是石油馏分经高温氧化，再皂化、萃取分离制得的产物。石油羧酸盐属于饱和烃氧化裂解产物，组成复杂，主要含有烷基羧酸盐及芳基羧酸盐。生产石油羧酸盐的主要原料为常四线及减二线馏分油，以气相氧化或液相氧化法生产。气相氧化工艺以空气中的氧为氧化剂，在 325℃ 以油酸镉为催化剂，氧烃比为 2.20，水烃比为 25~50。反应产物用 NaOH 皂化后，除去油相得到产品，有效物含量 10% 左右。液相氧化工艺是在气相氧化工艺基础上发展起来的新方法，采用液相氧化剂在 180℃ 下反应，石油羧酸盐收率可提高至 20%。

黄宏度以石油馏分液相条件下催化氧化制备出石油羧酸盐表面活性剂，与重烷基苯磺酸盐或石油磺酸盐复配可以增强体系界面活性，增加体系的稳定性，提高抗稀释性和与碱的配伍性。此外，阴离子磺酸盐、阳离子表面活性剂十六烷基三甲基溴化铵与石油羧酸盐组成的复配体系均存在协同效应，可提高单一石油羧酸盐体系的界面活性[64-66]。但是，羧酸盐易于和二价阳离子形成沉淀，在岩石上的吸附量大，不适宜用于高矿化度油藏。

四、烷基糖苷及其衍生物

烷基糖苷（APG）又称烷基多苷，是由葡萄糖的半缩醛羟基和脂肪醇的羟基在酸催化下失去一分子水得到的混合物。

烷基糖苷是一种温和的非离子表面活性剂，但它兼具阴离子表面活性剂的特点。由于该类表面活性剂具有良好的表面活性，能与各种表面活性剂复配且有良好的协同效应，无毒、生物降解迅速彻底，且属于再生资源，因此，烷基糖苷被称为"新一代世界绿色表面活性剂"，是一种极具发展前景的非离子型表面活性剂。

1893 年，德国人 Emil Fisher 首次报道了烷基糖苷的合成，主要利用甲醇、乙醇和丙三醇等与糖反应生成低碳链的糖苷。后来人们以碳链为 C_8—C_{16} 的脂肪醇为原料合成了长碳链烷基糖苷，也就是现在为人熟知的 APG（Alkyl Polyglycosides）。APG 的合成方法包括 Koenings-Knorr 法、酶催化法、乙酰化醇解法、糖缩酮物醇解法、转糖苷法和直接糖苷法。世界上生产 APG 的主要技术路线是转糖苷化法（两步法）和直接糖苷化法（一步法）。由于一步法工艺简单、产品质量好、色泽浅、无异味，并且没有低碳醇的损失，成本明显低于两步法，因此，有广阔的发展前景[67]。

烷基糖苷可降低油水界面张力、增溶乳化原油，在三次采油领域具有应用潜力。中国石油大学（华东）研究发现，C_8—C_{12}APG 表面活性剂弱碱 Na_2CO_3 体系可与辽河原油达到超低界面张力。岩心驱油实验显示，该体系在水驱基础上可提高采收率 27% 以上。烷基糖苷还可与石油磺酸盐及重烷基苯磺酸盐组成复配表面活性剂驱油体系[68]。烷基糖苷—重烷基苯磺酸盐（APG—HABS）二元体系能与大庆油田采油四厂原油达到超低界面张力，人造岩心二元复合体系驱油实验结果表明，在水驱 44.65% 基础上，二元体系提高采收率 21.55%。

五、孪连表面活性剂

孪连表面活性剂，又名双子表面活性剂，是一类带有两个疏水链、两个离子基团和一个桥联基团的化合物，类似于两个普通表面活性剂通过一个桥梁连接在一起。连接基可以是亲水性的，也可以是疏水性的，可以靠近亲水部位，也可以是连接着两个亲水基。根据亲水基种类，孪连表面活性剂可分为阴离子型、非离子型、阳离子型和两性离子型等。孪连表面活性剂具有较低的临界胶束浓度、较高的表面活性、与其他表面活性剂间较好的配伍性。因此，孪连表面活性剂被称为 20 世纪 90 年代的新型表面活性剂。

谭中良[68]以长链环氧烷与短链二醇合成了系列中间体孪连长链二醇，再与 1，3- 丙烷磺酸内酯反应得到阴离子孪连表面活性剂。该表面活性剂可与中原油田高温超高盐油藏原油在无碱条件达到超低界面张力。

范海明[69]合成了一种新型阴离子孪连表面活性剂——二油酰氨基胱氨酸钠并评价了其界面性能。结果表明，0.10% 表面活性剂添加 NaOH 后与大庆原油间界面张力达到 10^{-2} mN/m 数量级。尽管该孪连阴离子表面活性剂疏水基碳数达到了 36，但其两个羧基由于连接基的存在不能在界面上形成紧密排列，因而其界面性能未达到预期。长江大学[70]合成了双烷基乙氧基二硫酸盐孪连阴离子表面活性剂并研究了其在油砂上的吸附规律。评价结果表明，合成的孪连阴离子表面活性剂与原油间界面张力最低可达 2.71×10^{-3} mN/m；双十二烷基乙氧基二硫酸酯钠盐（GA12-2-12）在油砂上的吸附等温线服从 Langmuir 等温方程，相同浓度下其吸附量低于常规单链表面活性剂——十二烷基硫酸钠[71]。

第四章　表面活性剂复合驱矿场应用

复合驱经过 20 多年的攻关研究，形成了系列复合驱油提高采收率技术，2014 年以来已在大庆油田开始工业化推广。截至 2020 年，累计动用地质储量 2×10^8t 以上，原油产量逐年攀升，近五年连续超过 400×10^4t，已成为油田重要的开发技术之一。

第一节　杏六区东部一类油层烷基苯磺酸盐强碱复合驱油现场试验

一、试验区基本情况

示范区位于位于杏四—杏六行列区内，北起杏五区丁 3 排，南至杏六区三排，西与杏六区东部 I 块相邻，东与杏四—杏六面积及杏北东部过渡带相邻。

区块自 1968 年开发以来，经历了基础井网排液拉水线、全面投产、注水恢复压力、自喷转抽、一次加密调整、二次加密调整、三次加密调整和三次采油等开发阶段，区块内共有基础井网、一次加密调整井网、二次加密调整井网、三次加密调整井网和三元复合驱井网 5 套井网，井网密度达到 166 口 /km^2（表 4–1）。

表 4–1　杏六区东部各套井网的调整对象及布井方式

井网	开采对象	布井方式	排距井距
基础井网	渗透率高、厚度大的葡 I1–3 平均油层和其他渗透率较高、厚度较大的非主力油层	行列注水切割距 2.0km	600m × 400（400，300）m
一次加密井网	非主力油层中的有效厚度 < 2m、渗透率 < 0.150D 的中未见水层和未动用层	斜五点法井网	200m × 400m
二次加密井网	未动用或动用较差的薄有效层（有效厚度 0.2~0.4m）和表外储集，以及小部分未动用的有效厚度 0.5~1.0m 的表内层	线状注水方式	200m × 200m
三次加密井网	二类表外储层和一类表外储层及少部分表内薄层	五点法井网	141m × 141m
三元复合驱井网	杏六区东部 I 块开采葡 I1~3 平均油层，杏六区东部 II 块开采葡 I3 平均油层	五点法井网	141m × 141m

二、试验区方案设计

驱油方案设计，化学驱分 4 段注入，共设计 0.725PV，区块于 2009 年 10 月注入前置聚合物段塞，2010 年 4 月注入三元体系，2013 年 4 月注入三元副段塞，2014 年 7 月注入后续聚合物段塞。

表 4-2 杏六区东部Ⅱ块注入方案执行情况统计表

阶段	注入参数						注入速度，PV/a		注入孔隙体积，PV	
	聚合物，mg/L		碱，%		表面活性剂，%		方案	实际	方案	实际
	方案	实际	方案	实际	方案	实际				
前置聚驱	1800	1941	—	—	—	—	0.18~0.20	0.21	0.075	0.081
三元主段塞	2000	2131	1.2	0.9~1.3	0.3	0.21~0.27	0.18~0.20	0.20	0.30	0.617
三元副段塞	1700	1243	1.0	0.9~1.3	0.1	0.20~0.33	0.18~0.20	0.21	0.15	0.259
后续聚合物段塞	1400	1252	—	—	—	—	0.18~0.20	0.21	0.20	0.070
化学驱合计	—	—	—	—	—	—	0.18~0.20	0.21	0.725	1.027

三、开发效果

　　试验注入化学剂历经 5 年，到 2014 年 12 月，全区阶段提高采收率 21.38%，高于数值模拟水平，跟踪数值模拟预计试验区含水 98.0% 时，可提高采收率 24.8%（图 4-1）。在大庆油田实现了应用国产烷基苯磺酸盐表面活性剂的工业化三元区块提高采收率 20 个百分点以上的目标。

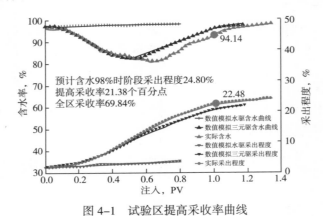

图 4-1 试验区提高采收率曲线

第二节　南四区东部二类油层组分可控
烷基苯磺酸盐弱碱复合驱油现场试验

一、试验区基本情况

　　试验区位于南四东二类油层产能区块 3 号注入站，北起南三区 51 排，南至南四区三排，西至萨大公路，东至南 4-丁 11-斜 P3134 与南 4-丁 21-斜 P3034 连线，开发面积为 1.29km²，采用五点法面积井网，开采萨Ⅱ7—14 油层。试验区采用新钻井与葡Ⅰ1—4 油层聚合物驱井综合利用相结合的布井方式，平均注采井距 110m。试验区共有注采井 101 口，其中注入井 48 口，采出井 53 口，目的层地质储量 121.42×10⁴t，砂岩厚度 13.2m，有效厚度 8.0m，渗透率 0.273D；中心采出井 22 口，地质储量 52.21×10⁴t，砂岩厚度 12.9m，有效厚度 7.9m，渗透率 0.292D（表 4-3）。

表 4-3　试验区基础数据

区块	项目	参数	项目	参数
试验区	面积，km²	1.29	原始地层压力，MPa	11.19
	平均砂岩厚度，m	13.2	原始饱和压力，MPa	8.42
	平均有效厚度，m	8.0	油层温度，℃	49.4
	平均有效渗透率，D	0.273	地层原油黏度，mPa·s	7.4
	油层中部深度，m	1070.9	采出水矿化度，mg/L	5641.21
	原始地质储量，10⁴t	121.42	油层破裂压力，MPa	12.3
	油层孔隙体积，10⁴m³	279	注采井距，m	110
中心井区	控制面积，km²	0.56	孔隙体积，10⁴m³	129
	平均砂岩厚度，m	12.9	原始地质储量，10⁴t	52.21
	平均有效厚度，m	7.9	有效渗透率，D	0.292

二、试验方案设计及实施

试验区块于 2013 年 10 月投入空白水驱，2015 年 2 月 1 日投入前置聚合物段塞，2015 年 8 月 10 日投入三元主段塞，2018 年 1 月 25 日投入三元副段塞，2019 年 4 月 11 日投入后续聚合物段塞。截至 2020 年 10 月 31 日，累计注入化学剂溶液 364.6062×10⁴m³，累计化学剂注入体积 1.307PV，其中后续聚合物段塞注入体积 0.371PV。试验区化学驱合计产液 370.1680×10⁴t，产油 28.2854×10⁴t，全区阶段采出程度 20.71%；中心井区化学驱合计产液 167.7043×10⁴t，产油 13.3570×10⁴t，化学驱阶段采出程度 22.68%（表 4-4）。

表 4-4　试验区方案设计及执行情况

阶段	注入参数						注入速度 PV/a		注入孔隙体积，PV	
	聚合物，mg/L		烷基苯磺酸盐，%		碱，%					
	方案	实际	方案	实际	方案	实际	方案	实际	方案	实际
前置聚合物段塞	1500	1564					0.21	0.2	0.06	0.103
三元主段塞	1800	1940	0.3	0.3	1.2	1.2	0.21	0.21	0.35	非三元体系　0.185
										三元体系　0.379
三元副段塞	2400	2520	0.15	0.3	1	1.2	0.21	0.24	0.2	组分可控　0.23
										萨南石油磺酸盐　0.038
后续聚合物段塞	2000	2019					0.21	0.22	0.2	0.370
化学驱合计									0.81	1.307

三、开发效果

试验区注入三元体系 0.08PV 时采出井开始陆续见效，采出井见效存在差异，主要受油层发育、剩余油等因素影响，全区见效井比例 92.5%，最大含水降幅 8.3 个百分点。低含水稳定期达 14 个月，提高采收率 17.88 个百分点，阶段采出程度 20.46%（图 4-2）。

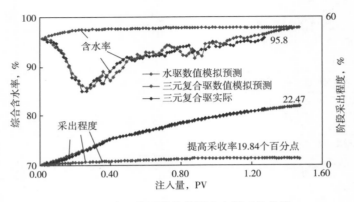

图 4-2　中心井区数值模拟和实际对比曲线

第三节　北二区西部二类油层
石油磺酸盐弱碱复合驱油现场试验

一、试验区基本情况

北二区西部二类油层弱碱三元复合驱试验区位于萨北开发区北二区西部。北面以北 2- 丁 4 排为界，南面以北 1- 丁 1 排为界，西起北 2-5- 更 52 井，东至北 2-5-61 井（图 4-3）。

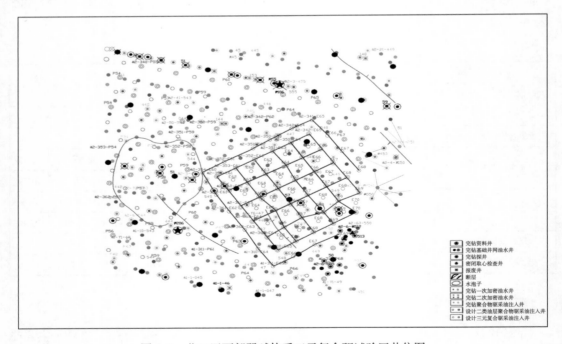

图 4-3　北二区西部弱碱体系三元复合驱试验区井位图

试验区面积 1.21km², 采用 125m×125m 五点法面积井网, 共有油水井 79 口, 其中采油井 44 口 (利用井 2 口), 注入井 35 口, 内有中心井 24 口。试验目的层为萨Ⅱ10—12 层, 平均单井砂岩厚度 8.1m, 有效厚度 6.6m, 平均有效渗透率 0.533D, 地质储量 116.31×10⁴t, 孔隙体积 219.21×10⁴m³ (表 4–5)。

表 4–5　试验区基本情况

项　目	全区	中心井区
总井数 (水井 + 油井), 口	79 (35+44)	24
砂岩厚度, m	8.1	8.8
有效厚度, m	6.6	7.1
有效渗透率, D	0.533	0.529
面积, km²	1.21	0.79
地质储量, 10⁴t	116.31	75.64
孔隙体积, 10⁴m³	219.21	142.66

二、试验方案设计及实施

试验区于 2005 年 11 月 26 日投产, 2008 年 10 月 24 日注入前置聚合物段塞, 2009 年 3 月 30 日投注三元主段塞, 2011 年 5 月 6 日注入三元副段塞, 2012 年 3 月 14 日注入后续聚合物段塞至今。截至 2012 年 12 月, 试验区累计注入化学剂溶液 198.6164×10⁴m³, 相当于地下孔隙体积 0.9061PV, 全区累计产油 39.4674×10⁴t, 阶段采出程度 33.93%, 综合含水率 91.86%, 地层压力 10.27MPa, 总压差 0.20MPa; 中心井区综合含水率 93.40%, 低于数值模拟 4.63 个百分点, 阶段采出程度 31.85%, 化学驱提高采收率 25.67%, 较数值模拟高 2.66 个百分点 (表 4–6)。

表 4–6　三元复合驱试验区注入方案及执行情况

阶　段	注入方案					方案执行情况					中心井区提高采收率, %
	注入速度 PV/a	聚合物 mg/L	碱 %	表面活性剂 %	注入孔隙体积 PV	注入速度 PV/a	聚合物 mg/L	碱, %	表面活性剂 %	注入孔隙体积, PV	
空白水驱	0.24				0.060	0.24				0.7236	
前置段塞	0.24	1350			0.038	0.20	1350			0.0801	0.56
三元主段塞	0.24	1750	1.2	0.3	0.350	0.16~0.26	1750~1980	1.2	0.3	0.4284	15.12
三元副段塞	0.24	1750	1.0	0.1	0.200	0.25	1940~1980	1.0	0.1	0.2203	6.12

三、开发效果

试验注入化学剂历经 4 年，至 2012 年 12 月，中心井区阶段提高采收率 25.67%，高于数值模拟 2.45 个百分点，跟踪数值模拟预计试验区含水 98.0% 时，可提高采收率 28.0%（图 4-4）。

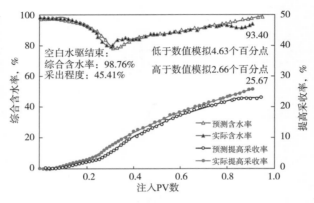

图 4-4　中心井区数模和实际对比曲线

第四节　南六区东部葡 I 1—4 油层生物表面活性剂 与烷基苯磺酸盐复配强碱复合驱油现场试验

一、试验区基本情况

试验区面积 1.40km²，试验目的层为葡 I1—4 油层，地质储量 170.42×10⁴t，孔隙体积 372.80×10⁴m³。采用五点法面积井网，注采井距 175m。试验总井数 56 口，其中三元复合驱注入井 23 口，采出井 33 口。平均单井射开砂岩厚度 13.56m，有效厚度 9.18m，有效渗透率 468mD。中心井区面积 0.76km²，共有注入井 23 口、采出井 13 口，砂岩厚度 14.31m，有效厚度 8.66m，有效渗透率 434mD，地质储量 87.52×10⁴t，孔隙体积 181.81×10⁴m³（表 4-7）。

表 4-7　试验区基础数据

项目	面积，km²	砂岩厚度，m	有效厚度，m	有效渗透率，D	孔隙体积，10⁴m³	地质储量，10⁴t
中心井	0.76	14.31	8.66	0.434	181.81	87.52
全区	1.4	13.56	9.18	0.468	372.8	170.42

二、试验方案设计及实施

试验区于 2006 年 8 月投注空白水驱；2008 年 11 月注入前置聚合物段塞；2009 年 4 月投注烷基苯三元体系主段塞；2010 年 4 月投注生物复配三元体系主段塞，2011 年 1 月转注生物复配三元体系副段塞，2012 年 4 月转注后续聚合物保护段塞（表 4-8）。

表 4-8 复合驱试验区注入方案及执行情况

阶 段	注入参数								注入速度 PV/a		注入孔隙体积 PV	
	聚合物，mg/L		生物表面活性剂，%		烷基苯表面活性剂，%		碱，%					
	方案	实际	方案	实际	方案	实际	方案	实际	方案	实际	方案	实际
前置聚合物段塞	1550	1515							0.2	0.18	0.06	0.0669
烷基苯三元主段塞	1600	1612			0.2	0.2	1.0	1.0	0.2	0.22		0.2146
复配三元主段塞	1600	1557	0.1	0.1	0.1	0.1	1.0	1.0	0.2	0.18	0.3	0.1397
复配三元副段塞	1500	1591	0.05	0.05	0.05	0.05	1.0	1.0	0.2	0.14	0.15	0.1730
后续聚合物保护段塞	1300	1164							0.2	0.12	0.2	0.1273
化学驱合计									0.2	0.16	0.71	0.7216

三、开发效果

生物三元复合驱试验区水驱结束时中心采油井综合含水率 97.48%，采出程度 46.5%，中心井区累计产油 12.58×10⁴t，累计增油 11.72×10⁴t，中心井区阶段提高采收率 13.39%，目前采出程度为 60.85%，试验区含水 98% 时，最终提高采收率可达到 16.0 个百分点以上（图 4-5）。与注入单一烷基苯三元体系相比，生物三元复合驱阶段已节约药剂费用 1300 万元，有效节约药剂成本 11.3%。

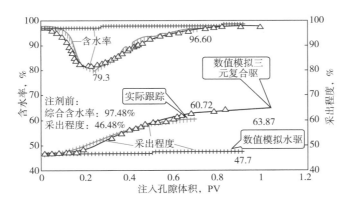

图 4-5 三元复合驱含水率及采出程度与数值模拟预测对比曲线

第五节 南四东萨Ⅱ7—12 油层石油磺酸盐—脂肽表面活性剂复配弱碱复合驱油现场试验

一、试验区基本情况

试验区位于萨尔图油田南四区东部 2 号站地区，试验区北起南三 31 排，南至南四 10 排，西部以南 3-31- 斜 P3036 与南 4- 丁 10- 斜 P3036 连线为界，东部以南 3-4- 丙 42 与南 4- 丁 10- 斜 P342 连线为界。总井数 179 口，其中注入井 86 口，采出井 93 口，五点法面积井网，注采井距 110m，试验目的层为萨Ⅱ7—14 油层，试验区面积 2.55km²，平均单井射开砂岩厚度 13.5m，有效厚度 8.9m，有效渗透率 0.301D，地质储量 229.62×10⁴t，孔隙体积 531.85×10⁴m³。中心井区面积 1.33km²，砂岩厚度 13.7m，有效厚度 9.0m，有效渗透率 0.312D，地质储量 128.55×10⁴t，孔隙体积 262.35×10⁴m³（表 4-9）。

表 4-9　试验区基础数据

项目	扩大试验区	
	全区	中心区
面积，km²	2.55	1.33
总井数（注水井+采油井），口	179（86+93）	140（86+54）
平均射开砂岩厚度，m	13.5	13.7
平均射开有效厚度，m	8.9	9
平均有效渗透率，mD	0.301	0.312
地质储量，10⁴t	229.62	128.55
孔隙体积，10⁴m³	531.85	262.35

二、试验方案设计及实施

试验区于 2013 年 10 月投注空白水驱，2014 年 12 月 25 日投注前置聚合物段塞，阶段注入聚合物溶液 71.1258×10⁴m³，阶段注入地下孔隙体积 0.134PV。2015 年 8 月 1 日转注三元主段塞，2016 年 6 月 29 日，聚合物分子量由 1900×10⁴ 调至 2500×10⁴，阶段注入三元溶液 216.6084×10⁴m³，阶段注入地下孔隙体积 0.412PV。2017 年 7 月 8 日转注三元副段塞，三元阶段注入化学剂 1929652×10⁴m³，阶段注入地下孔隙体积 0.363PV。2019 年 4 月 11 日转注后续聚合物段塞。截至 2019 年 9 月 30 日，阶段注入化学剂 54.3385×10⁴m³，阶段注入地下孔隙体积 0.102PV，合计注入地下孔隙体积 1.011PV。试验区累计产油 41.0071×10⁴t，井口阶段采出程度 17.86%；中心井区累计产油 26.2869×10⁴t，阶段采出程度 20.45%。

表 4-10　试验方案执行情况

阶段	注入参数					注入速度 PV/a	注入孔隙体积，PV	
	聚合物分子量，10⁴	聚合物，mg/L	碱，%	石油磺酸盐，%	脂肽，%		方案	实际
前置聚合物驱	1600~1900	1699				0.22	0.06	0.134
三元主段塞	1600~1900	1815	1.22	0.21	0.2	0.22	0.35	0.198
	2500	1806	1.23	0.24	0.24	0.2		0.214
三元副段塞	2500	1851	1	0.1	0.1	0.21	0.2	0.27
	1600~1900	1860	1	0.1	0.1	0.21		0.093
后续聚合物驱	1200~1600	1600				0.2		0.102
化学驱合计							0.81	1.011

三、开发效果

试验区中心井区阶段采出程度 18.9%，提高采出率 17.11%，预计综合含水率 98% 时，提高采收率达到 19.2 个百分点，高于设计方案 3.2 个百分点，试验取得较好的开发效果（图 4-6）。

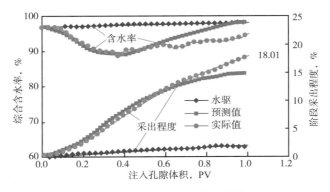

图 4-6 中心井区数据模拟曲线

参 考 文 献

［1］崔正刚. 表面活性剂、胶体与界面化学基础［M］. 北京：化学工业出版社，2013.

［2］赵国玺. 表面活性剂物理化学［M］. 修订版. 北京：北京大学出版社，1991.

［3］Tadros Th F. Surfactants［M］. London：Academic Press，1984.

［4］Israelachvili J N. Intermolecular and surface forces［M］. London：Academic Press，1992.

［5］Rosen MJ. Surfactants and interfacial phenomena［M］. 2nd. New York：John Wiley & Sons，1989.

［6］朱珬瑶，赵振国. 界面化学基础［M］. 北京：化学工业出版社，1996.

［7］顾惕人，朱珬瑶，李外郎，等. 表面化学［M］. 北京：科学出版社，1999.

［8］韩冬，沈平平. 表面活性剂驱油原理及应用［M］. 北京：石油工业出版社，2001.

［9］Ruckenstein E. The origin of thermodynamic stability of microemulsions［J］. Chemical Physics Letters，1978，57（4）：517-521.

［10］Bancroft W D. The theory of emulsification，V［J］. The Journal of Physical Chemistry 1913，17（6）：501-519.

［11］Clowes G. Protoplasmic equilibrium［J］. The Journal of Physical Chemistry，1916，20（5）：407-451.

［12］Israelachvili J N，Mitchell D J，Ninham B W. Theory of self-assembly of hydrocarbon amphiphiles into micelles and bilayers［J］. Journal of the Chemical Society，Faraday Transactions 2：Molecular and Chemical Physics，1976（72）：1525-1568.

［13］Shah D O. Surface phenomena in enhanced oil recovery［M］. Springer，1981.

［14］Dabbous M K. Displacement of polymers in waterflooded porous media and its effects on a subsequent micellar flood［J］. Society of Petroleum Engineers Journal，1977，17（5）：358-368.

［15］Dabbous M K，Elkins L E. Preinjection of polymers to increase reservoir flooding efficiency［C］. SPE Improved Oil Recovery Symposium，1976.

［16］Gogarty W B. Micellar/polymer flooding an overview［J］. Journal of Petroleum Technology，1978，30（8）：1089-1101.

［17］Green D W，Willhite G P. Enhanced oil recovery［C］. Henry L. Doherty Memorial Fund of AIME，Petroleum Engineers，1998.

［18］杨承志. 化学驱提高石油采收率［M］. 北京：石油工业出版社，1999.

［19］王凤兰，伍晓林，陈广宇，等. 大庆油田三元复合驱技术进展［J］. 大庆石油地质与开发，2009，28（5）：154-162.

［20］Gao S，Li H，Li H. Laboratory investigation of combination of alkaline-surfactant-polymer for Daqing EOR［J］. SPE Reservoir Engineering，1995，10（3）：194-197.

［21］Levitt D，Jackson A，Heinson C，et al. Identification and evaluation of high-performance EOR surfactants［C］. SPE/DOE Symposium on Improved Oil Recovery，2006.

［22］Puerto M，Hirasaki G J，Miller C A，et aL. Surfactant systems for EOR in high-temperature，high-salinity environments［J］. SPE Journal，2012，17（1）：11-19.

［23］Lu J，Liyanage P J，Solairaj S，et al. New surfactant developments for chemical enhanced oil recovery［J］. Journal of Petroleum Science and Engineering，2014（120）：94-101.

［24］Liyanage P J，Solairaj S，Pinnawala Arachchilage G，et al. Alkaline surfactant polymer flooding using a novel class of large hydrophobe surfactants［C］. SPE Improved Oil Recovery Symposium，2012.

［25］Aoudia M，Wade W H，Weerasooriya V. Optimum microemulsions formulated with propoxylated Guerbet alcohol and propoxylated tridecyl alcohol sodium sulfates［J］. Journal of Dispersion Science and Technology 1995，16（2）：115–135.

［26］Chang L，Pope G A，Jang S H，et al. Prediction of microemulsion phase behavior from surfactant and co-solvent structures［J］. Fuel，2019（237）：494–514.

［27］Han X，Kurnia I，Chen Z，et al. Effect of oil reactivity on salinity profile design during alkaline–surfactant–polymer flooding［J］. Fuel，2019（254）：115738.

［28］郭兰磊. 孤东油田有机碱与原油相互作用界面张力变化规律［J］. 油气地质与采收率，2013，20（4）：62–64.

［29］郭继香，李明远，林梅钦. 大庆原油与碱作用机理研究［J］. 石油学报：石油加工，2007，23（4）：20–24.

［30］翟会波，林梅钦，徐学芹，等. 大庆油田三元复合驱碱与原油长期作用研究［J］. 大庆石油地质与开发，2011，30（4）：114–118.

［31］伍晓林，楚艳苹. 大庆原油中酸性及含氮组分对界面张力的影响［J］. 石油学报（石油加工），2013，29（4）：681–686.

［32］伍晓林，侯兆伟，陈坚，等. 采油微生物发酵液中有机酸醇的GC-MS分析［J］. 大庆石油地质与开发，2005，24（1）：93–95.

［33］程杰成，吴军政，胡俊卿. 三元复合驱提高原油采收率关键理论与技术［J］. 石油学报，2014，35（2）：310–318.

［34］H.K.范，波伦，等. 提高原油采收率原理［M］. 唐养吾，杨贵珍，译. 北京：石油工业出版社，1983.

［35］特留申斯. 三元复合驱提高原油采收率［M］. 杨普华，译. 北京：石油工业出版社，1988.

［36］廖广志，牛金刚. 大庆油田工业化聚合物驱效果及主要做法［J］. 大庆石油地质与开发，2004，23（1）：48–50.

［37］骆小虎，林梅钦，等. 三元复合驱中原油乳化作用研究［J］. 精细化工，2003（12）：731–733.

［38］洪冀春，王凤兰，等. 三元复合驱乳化及其对油井产能的影响［J］. 大庆石油地质与开发，2001，20（2），23–25.

［39］张瑞泉，梁成浩，等. 三元复合驱乳化与破乳机理［J］. 油气田地面工程，2007，26（2）：21.

［40］侯吉瑞. 化学驱原理与应用［M］. 北京：石油工业出版社，1998.

［41］赵国玺. 表面活性剂作用原理［M］. 北京：中国轻工业出版社，2003.

［42］张景存. 三次采油［M］. 北京：石油工业出版社，1995.

［43］Karambeigi M S，Abbassi R，Roayaei E，et al. Emulsion flooding for enhanced oil recovery：interactive optimization of phase behavior，microvisual and core–flood experiments［J］. Journal of Industrial & Engineering Chemistry，2015，29（2）：382–391.

［44］郭春萍. 三元复合体系界面张力与乳化性能相关性研究［J］. 石油地质与工程，2010（4）：107.

［45］耿杰，陆屹，李笑薇，等. 三元复合体系与原油多次乳化过程中油水界面张力变化规律［J］. 应用化工，2015（12）：2170–2171.

［46］曹凤英，白子武，郭奇，等. 驱油用烷基苯合成技术研究［J］. 日用化学品科学，2015（2）：28–30.

［47］刘良群，张轶婷，周洪亮，等. 一种驱油用表面活性剂原料——重烷基苯［J］. 日用化学品科学，2015（9）：40–41.

［48］朱友益，沈平平．三次采油复合驱用表面活性剂合成、性能及应用［M］．北京：石油工业出版社，2002.

［49］陈卫民．用于驱油的以重烷基苯磺酸盐为主剂的表面活性剂的工业化生产［J］．石油化工，2010（1）：81-84.

［50］翟洪志，冷晓力，卫健国，等．石油磺酸盐表合成技术进展［J］．日用化学品科学，2014（9）：15-18.

［51］郭万奎，杨振宇，伍晓林，等．用于三次采油的新型弱碱表面活性剂［J］．石油学报，2006，27（50）：75-78.

［52］中国石油勘探与生产分公司．聚合物—表面活性剂二元驱技术文集［M］．北京：石油工业出版社，2014.

［53］张帆，王强，刘春德，等．羟磺基甜菜碱的界面性能研究［J］．日用化学工业，2012（2）：104-106.

［54］白亮，杨秀全．烷醇酰胺的合成研究进展［J］．日用化学品科学，2009（4）：15-19.

［55］单希林，康万利，孙洪彦，等．烷醇酰胺型表面活性剂的合成及在EOR中的应用［J］．大庆石油学院学报，1999（1）：34-36，111.

［56］罗明良，蒲春生，卢凤纪，等．利用植物油下脚料制备烷醇酰胺型驱油剂［J］．石油学报（石油加工），2002（2）：6-13.

［57］冯茹森，蒲迪，周洋，等．混合型烷醇酰胺组成对油／水动态界面张力的影响［J］．化工进展，2015，34（8）：2955-2960.

［58］李瑞冬，仇珍珠，葛际江，等．羧基甜菜碱—烷醇酰胺复配体系界面张力研究［J］．精细石油化工，2012，29（4）：8-12

［59］付美龙，罗跃，伍家忠，等．马寨油田卫95块PCS调驱试验的驱油剂研究［J］．江汉石油学院学报，2000（3）：59-60，64.

［60］郭东红，辛浩川，崔晓东，等．以大庆减压渣油为原料的高效、廉价驱油表面活性剂OCS的制备与性能研究［J］．石油学报（石油加工），2004（2）：47-52.

［61］郭东红，辛浩川，崔晓东，等．OCS表面活性剂驱油体系与大庆原油间的动态界面张力研究［J］．精细石油化工进展，2007（4）：1-3，7.

［62］郭东红，辛浩川，崔晓东，等．ROS驱油表面活性剂在高温高盐油藏中的应用［J］．精细石油化工，2008，25（5）：9-11.

［63］郭东红，关涛，辛浩川，等．耐温抗盐驱油表面活性剂的现场应用［J］．精细与专用化品，2009，17（10）：13-14.

［64］黄宏度，吴一慧，王尤富，等．石油羧酸盐和磺酸盐复配体系的界面活性［J］．油田化学，2000，（1）：69-72.

［65］黄宏度，何归，张群，等．非离子、阳离子表面活性剂与驱油表面活性剂的协同效应［J］．石油天然气学报，2007（4）：101-104，168.

［66］Wu Y，Shuler P，Blanco M，et al. A study of branched alcohol propoxylate sulfate surfactants for improved oil recovery［C］. SPE-95404-MS，2004.

［67］姜汉桥，孙传宗．烷基糖苷与重烷基苯磺酸盐复配体系性能研究［J］．中国海上油气，2012，24（2）：44-46.

［68］谭中良，韩冬．阴离子孪连表面活性剂的合成及其表／界面活性研究［J］．化学通报，2006（7）：493-497.

［69］范海明，孟祥灿，康万利，等 . 新型 Gemini 表活剂的合成及其降低油水界面张力性能［J］. 断块油气田，2013（3）：392-395.

［70］岳泉，唐善法，朱洲，等 . 油气开采用新型硫酸盐型 Gemini 表面活性剂［J］. 断块油气田，2008（2）：52-53.

［71］唐善法，田海，岳泉，等 . 阴离子双子表面活性剂在油砂上吸附规律研究［J］. 石油天然气学报，2008，30（6）：313-317，395.